P

Practice on Solicitation for Urban—rural Planning Schemes

城乡规划设计方案征集实务

◎ 邱 跃 董春生 主编

中国建筑工业出版社

图书在版编目（CIP）数据

城乡规划设计方案征集实务 / 邱跃，董春生主编.
北京：中国建筑工业出版社，2013.1
ISBN 978-7-112-14660-4

Ⅰ.①城… Ⅱ.①邱… ②董… Ⅲ.①城乡规划–
设计方案–征集 Ⅳ.①TU984

中国版本图书馆CIP数据核字（2012）第215365号

　　城乡规划设计方案征集，是规划编制组织工作的一项创新和探索。认真总结城乡规划设计方案征集的实践经验，不断探索我国城乡规划设计方案征集的程序特点和操作模式，既是从事城乡规划工作同志的责任，也是我国城乡规划设计方案征集实践的急切呼唤。《城乡规划设计方案征集实务》一书，就是北京市城市规划设计方案征集实践经验的总结、概括、归纳和升华。

　　本书第一章为全书的导论部分，主要分析研究了规划设计方案征集与招标以及竞赛的主要区别、规划设计方案征集的适用范围等理论和实践问题，阐明了开展规划设计方案征集的意义和客观必然性，回顾了我国规划设计方案征集的发展历程，总结了我国规划设计方案征集的主要经验。

　　第二章以征集程序为研究对象，详细介绍了规划征集的组织程序、操作模式，解析了规划设计方案征集每个阶段的主要工作内容，分析了其中的难点、要点和关键环节，所附的征集各阶段工作文件具有较强的实用参考价值。

　　第三章以如何编写征集文件为研究对象，首先研究了资格审查的原则、内容、资格预审文件的主要内容等理论和现实问题；在此基础上研究了征集文件编写应涵盖的主要内容，以实例解析的方式详述了资格预审文件、征集文件等文件编写的内容、原则和方法。

　　第四章收集了具有典型性的规划设计方案征集真实案例，具有极强的针对性和借鉴性，从实践的角度进一步探讨了城乡规划设计方案征集的组织特点和操作模式，并为读者提供了可供参考的实证材料。

　　本书编写的目的在于希望能为我国各级城市规划和建设行政主管部门、房地产开发机构以及境内外城市规划及建筑设计机构参与或开展城乡规划设计方案征集活动提供有益的参考和帮助。

责任编辑：刘　丹
责任校对：刘梦然　刘　钰

城乡规划设计方案征集实务
邱　跃　董春生　主编
*
中国建筑工业出版社出版、发行（北京西郊百万庄）
各地新华书店、建筑书店经销
北京嘉美和文化传播有限公司制版
北京画中画印刷有限公司印刷
*
开本：880×1230毫米　1/16　印张：9½　字数：280千字
2013年2月第一版　2013年2月第一次印刷
定价：56.00元
ISBN 978-7-112-14660-4
（22706）

《城乡规划设计方案征集实务》
编委会

主　　编：邱　跃　董春生

执行主编：胥　钢　刘劲飞　邢亚利

编写委员：（以姓氏笔画为序）

王　引　王　玮　王　科　叶大华　刘　军

李　凤　李　昊　李国红　杨　浚　张立新

张亚芹　陈晓君　贾昳仑　温宗勇　鞠鹏艳

前　言

实践是认识的源泉，也是理论创新的源泉。

城市规划设计方案征集，本身就是一项丰富的实践活动，同时也是我国城市化伟大实践的必然产物。随着我国改革开放的深入发展，中国的城市化进程迈入了一个全新的历史时期。北京这座古老的城市焕发出了新的生机。"人文北京、科技北京、绿色北京"和"世界城市"已经成为北京这个既具有深厚历史积淀，又充满青春活力的城市的建设目标。

建设目标的系统性和复杂性，决定了城市建设规划的系统性和复杂性，要求城市建设者必须站在推动北京科学发展的战略全局高度，用世界的眼光、缜密的思维、严谨的程序、科学的方法和务实的态度，思考、谋划北京的城市建设。为科学推进城市建设科学发展，各级政府规划管理部门进行了大胆的创新，开展了城市规划设计方案征集工作。通过实践，探索了全新的开放式城市建设规划编制方式和组织运作模式，提出了集指导性和可操作性于一体的城市规划编制原则，推动了北京市城市规划科学、高效、有序地发展。

丰富的实践，为理论创新奠定了坚实的基础。《城乡规划设计方案征集实务》一书，就是北京市城市规划设计方案征集实践经验的概括、总结、归纳和升华。本书的作者，都是长期工作在城市规划设计方案征集一线的同志，不但具有深厚的理论功底，而且具有丰富的实践经验。他们通过去粗取精、去伪存真、由此及彼、由表及里的研究，通过对北京市城市规划设计方案征集典型案例的深刻剖析，对城市规划设计方案征集的程序、文件编写等众多理论和现实问题进行了系统而深入的研究，形成了诸多有益的研究成果。本书具有以下鲜明的特点：一是理论与实践的融合。本书不但研究了规划设计方案征集与招标和竞赛的区别等理论问题，而且着重研究了规划设计方案征集的程序、组织方法、文件编写等实践性问题，既有理论分析，又有对实践问题的探索，实现了理论与实践的融合。二是原则性与可操作性的融合。本书不但研究了规划设计方案征集应遵循的一般原则，而且突出研究了征集过程中各个阶段应完成的主要工作，具有很强的可操作性，实现了原则性与可操作性的融合。三是抽象与实证的融合。本书既有抽象的理论探讨、研究和分析，又对北京市的规划设计方案征集实例进行了分析，鲜活生动、有血有肉，实现了抽象与实证的融合。

《城乡规划设计方案征集实务》一书，内容丰富、体例完整、材料翔实、简明实用，可供各级城市规划部门、征集代理单位、设计咨询单位工作参考之用。

希望本书的出版能有助于我国城市规划设计方案征集实践的发展和理论的创新，有助于我国城市规划设计方案工作组织水平的整体提升。

目　录

第一章 ▪ 导　论

随着改革开放的深入和国家经济实力的提升，尤其是2008年奥运会的成功举办，给北京这个古老而美丽的城市带来了前所未有的发展机遇，北京提出了"人文北京、科技北京、绿色北京"和"世界城市"的城市建设目标。要实现这些目标，城市规划是有效的保障和重要的抓手。如何组织城市规划编制，特别是在修订城市总体规划或控制性详细规划阶段，使城市规划这一重要的公共政策能够真正有效地发挥其调控城市空间资源，指导城乡发展与建设，维护社会公平，保障公共安全和公众利益的重要作用，这成为政府、城乡规划主管部门、规划工作者以及社会各界关注的问题。各级政府城乡规划主管部门为了能科学、高效、有序地推进北京城市规划，从我国国情出发，以创新的精神，坚持科学发展观，积极探索开放的规划编制方式和组织运作模式，对城市的重点区域组织规划设计方案征集，集国内外城市规划专家的思想与经验，多角度、多渠道、多层次地探索城市功能和空间形态，集思广益，博采众长，拓宽思路，汇集智慧，凝聚力量。在实践中落实"政府组织、专家领衔、部门合作、公众参与、科学决策"的城市规划编制原则。

规划设计方案征集相对于规划设计招标和设计方案竞赛是规划编制组织工作上的一项创新和探索，因此，在现有的规划理论和规划编制管理体制中难以找到现成的答案。总结十多年来规划设计方案征集的实践经验，我们认为规范规划设计方案征集的组织运作模式，建立规划设计方案征集的管理体制，对于提升规划方案征集的实效是十分必要的，这也正是我们编写本书的初衷。

第一节

规划设计方案征集概述

规划设计方案征集作为一项新生事物，有着自己鲜明的特征，与规划设计方案招标有着明显的区别。

一、规划设计方案征集与招标的主要区别

规划设计方案征集一般是针对某个重点城市功能区或特定地区，以开放的方式，组织多个国内（及国外）规划设计机构共同进行研究，通过市场化运作，引入竞争机制，集思广益、博采众长的一种组织规划编制和规划研究的模式。规划设计方案征集与规划设计方案招标的区别，主要表现在以下几个方面：

（一）法律关系

规划设计方案征集通常是在规划编制之前或编制过程中，针对规划区的某个或某些规划专题内

容，组织多个规划机构，按照百花齐放、百家争鸣的方针进行研究和探讨，以期寻求和获取多样的规划方案以及创新的规划理念、思想和科学先进的方法、技术，它是一种集思广益的规划研究和规划编制的组织模式，是多角度、多层次、多渠道的"开门规划"。参加征集的规划设计机构以各自的视角各抒己见地提出规划研究成果，主办单位对其进行整理、分析、比较、研究，去粗取精，进行综合，运用到下一步的规划方案深化中去。参加征集的规划设计机构提供的是"半成品"规划（相对最终的规划而言），征集的目的旨在为城市规划的编制或修订、调整提供一种多样性、选择性的研究思路。征集的结果与后续规划设计合同授予或规划工作承接不产生直接的因果关系。项目的规划编制单位或承担规划方案综合的单位可能是参加征集的规划设计机构，也可能是其他单位，如原控规编制单位等。

规划设计招标投标是采用市场竞争的交易方式，平等、规范地选择交易主体（采购人和规划设计机构），订立交易合同（规划设计服务合同）的法律程序。规划设计招标的结果与规划设计合同授予或规划工作承接有直接的因果关系。招标的目的是通过有序的市场竞争获得"物美价廉"的服务。

根据《合同法》的规定，招标本身就是缔结要约与承诺这种合同关系的一种法律程序。招标人发出的招标公告或投标邀请书均可视为要约邀请，而资格预审文件或招标文件则是招标人要约邀请的进一步细化或明确。与此相对应，投标人递交的投标函则是投标人的要约，与其配套的其他投标文件，如报价书、投标规划设计方案等则是其投标函的进一步细化或明确。招标人发出的中标通知书，在法律意义上视为承诺。这样，依据合同法，要约与承诺就构成了合同关系。最后招标人与中标人依据招标文件和中标人的投标文件签订书面合同。

（二）必备条件

规划设计方案征集作为规划编制前或编制过程中针对某些专题开展研究论证的组织模式，通常用于规划编制前对区域宏观发展战略、产业方向、功能定位、功能分区、价值目标和理论实现机制的研究和探讨，控制性详细规划编制前或修订时的规划专题论证或多方案研究，重要城市功能空间的设计方案比选。因此，开展规划设计方案征集的必备基本条件没有一定之规。

而招标则必须具备一定的基本条件。国家为了维护招标投标的市场秩序，保护招标投标当事人的合法权益，提高招标投标的成效，在招标投标的法律法规中对组织实施招标项目必须具备的必要基本条件作了明确的规定，这些条件包括了对招标人资格的要求，对招标项目的立项审批、核准、备案要求，进行招标的相应资金落实要求等。对于招标项目的立项审批等要求规定，招标项目按照国家有关规定需要履行项目审批手续的，应当先行履行审批手续，取得批准。针对规划和设计项目的招标，除上述条件外，还须具有政府城乡规划主管部门核发的规划设计条件或规划意见书。

（三）参加者资格

规划设计方案征集是一种集思广益的规划研究和规划编制组织方式，重在广泛地寻求和获取项目规划的先进理念、思想、方法和技术，并对这些成果、理念、思想、方法和技术进行分析、整理，取其精华运用到后续的规划调整、优化、综合中去。因此，对参加征集的应征人的资格条件可以放宽。根据项目的规模和功能，应征人可以是境内具有相应的城市规划编制资质或建筑行业建筑工程设计资质的规划或设计机构，也可以是在其所在国具有从事规划、建筑工程设计的相应资格的境外规划或设计机构，还可以是由上述机构组成的规划设计联合体。对于区域发展战略、功能定位、项目前期策划研究等征集项目还鼓励城市发展研究、产业经济研究、地产开发或策划机构与规划设计机构组成联合体参加征集。

而规划设计招标则不同。根据国家有关招标投标的法律、法规和管理规定，如果国家有关规定对投标人资格条件有规定的，投标人应当具备规定的资格条件。《中华人民共和国城乡规划法》和《城市规划编制办法》规定，只有具备相应城乡规划编制资质的单位才能承担城乡规划的具体编制工作。因此，规划设计招标的投标人必须具备相应城乡规划编制资质，境外的规划设计机构不能作为独立投标人参加投标。

（四）技术约束

规划方案征集是一个开放的研究过程，因此规划方案征集的技术约束条件，即规划设计条件通常具有一定的弹性。比如控制性详细规划修订或调整前的规划方案征集，其研究内容和任务主要是提出控制性和建议性的规划技术指标要求，机动车、非机动车和步行系统的组织，建筑立面和城市天际线的要求及建议，开发单元的划分和对其开发强度、建筑高度的论证等等。因此规划征集的技术约束条件（尤其是规划技术指标）的设定通常要有一定的弹性空间。

而招标的过程是招标投标各方通过公平竞争、公正评价的规范程序完成合同主体、客体的选择和合同权利、义务、责任约定的过程。在招标过程中，投标人递交的规划设计成果是合同要约的组成部分，是招标人作出承诺（发出的中标通知书）的依据，对于缔结合同起着至关重要的作用。因此，招标的技术约束条件，即规划设计条件（如项目功能定位、项目建设需求、项目开发容量等规划技术指标控制要求、项目投资规模和控制要求），以及规划设计成果的编制内容、编制深度和编制要求等应具体和明确，否则会影响投标人编制规划设计成果，影响评标专家对投标规划设计成果进行比较、评价和选择，无法建立公平比较的平台。因此，规划设计招标比较适用于详细设计类规划（如修建性详细规划设计）的项目。

（五）奖酬机制

规划征集是一种开放的，集思广益、博采众长的组织规划编制和规划研究的模式。通常情况下，主办单位通过资格预审或考核、比选的方式，从有意向参加征集的规划设计机构中选出一定数量的规划设计机构或由规划设计机构组成的联合体（在方案征集中通常称为"应征人"），然后委托他们对某个重点城市功能区或特定地区共同进行研究和规划设计，提交各自的规划设计成果。因此，主办单位要根据规划设计范围和内容、规划成果的编制深度和成果的表现形式，向参加征集研究和设计的规划设计机构支付合理数量的设计补偿金（或酬金），以取得对规划设计成果（图册、展板、模型、电子文件）及相关的知识产权的使用权。同时，为了通过公开、公平、公正的竞争机制和奖励机制来激发规划设计机构研究创作的积极性和主动性，主办单位还会设置一定数量的奖项并支付一定数额的奖金。

而在设计招标投标的过程中，投标是投标人竞争获得合同的过程。根据招标规划设计要求和提交设计成果，招标人有时也会向一定数量的投标人支付一定数额的未中标补偿费，但通常情况下不会设置奖项和奖金，因为授予规划设计合同就是对中标人的最大奖励。

（六）成果的权益

规划设计方案征集是为了获取开拓创新的规划设计理念和科学合理的规划设计技术，寻求富有创意的规划设计方案和规划思路，探讨科学、合理、可持续的规划建设方向和模式，集思广益、博采众长地进行规划研究和设计。主办单位在向参加征集研究和规划设计的机构支付一定数量的设计补偿金后，可以取得与规划设计成果相关的知识产权的使用权。主办单位可以在征集项目的规划编制中全部或部分地使用所有应征规划设计机构提交的规划设计成果（无论其是否被选为优胜方案）。主办单位通过对各应征规划成果进行分析、比较、综合和优化，去粗取精，完成规划的编制。应征规划设计机构享有应征规划设计方案的署名权，同时经主办单位书面同意后也可通过传播媒介、专业报刊、图书或其他形式评价、展示其应征作品。主办单位也可将应征方案印刷、出版和展览，通过传播媒介、专业报刊、图书或其他形式评价、展示、宣传应征规划设计方案。

对于规划设计招标，通常情况下，招标人在项目的规划设计中可以使用中标人的规划设计方案，而未中标人的设计方案及与此相关的知识产权属于投标人。

二、规划设计方案征集与竞赛的主要区别

城市规划、城市设计、建筑设计方案竞赛（以下简称"设计竞赛"）是国际上优选设计方案和竞争性选择设计人的一种积极、有效的方式。为此联合国教科文组织（UNESCO）还专门制定了《建筑与城市规划国际竞赛标准规则》（Standard Regulations for International Competitions in Architecture and Town Planning）以下简称（"竞赛标准规则"），国际建筑师协会（UIA）针对上述标准规则编制了标准注释及建议细则（以下简称"建议细则"）。设计方案竞赛也可分为公开竞赛和邀请竞赛。业主通过设计竞赛确定项目的设计方案和设计人，并授予其设计合同。

（一）参加者

规划研究和编制是一个综合性很强的工作，涉及专业较多，内容十分复杂。因此，目前在我国各

地举行的各类规划方案征集活动，其参加者（应征人）通常是依法成立的法人实体，或由法人实体组成的联合体，主办方通常不接受规划师或建筑师以个人的身份参加征集。

而设计方案竞赛，尤其是UNESCO和UIA的竞赛标准规则和建议细则中定义的国际竞赛参加者通常是专业的规划设计人员，如建筑师、规划师或对某一领域富有技能或经验的专业人员。针对某些竞赛还可允许建筑与城市规划专业学生作为参赛人参加。例如，2000年在上海举行的世博会概念性城市设计国际竞赛，邀请来自不同国家的40位大学生对世博会与上海城市发展的关系进行探讨，针对主题选择、功能策划、社会效益分析展开研究，为后续政府决策提供思路。2002年的大埃及博物馆设计竞赛规定参赛者资格为全世界各国的注册建筑师。

（二）合同的授予

前面我们说过，规划设计方案征集的结果与后续规划设计合同授予或规划工作承接不产生直接的因果关系，但国际设计竞赛则有所不同。设计竞赛作为优选设计方案和竞争性选择设计人的一种方式，其目的是为建设项目寻找最佳的解决方案，通常获优秀奖或一等奖的规划设计机构、作者将被委托作为项目实施的设计单位或建筑师，被授予全部或部分规划设计合同。如在大埃及博物馆国际设计竞赛中获一等奖的爱尔兰华裔建筑师彭士佛以及他成立的Heneghan Peng建筑事务所赢得了大埃及博物馆项目的设计合同。奥运会"鸟巢"、"水立方"项目的设计单位，也是国际设计竞赛的优秀奖得主。当然，有些类型的设计竞赛，如概念竞赛，其竞赛的目的是为了阐释建筑与规划方案某些问题而作的一项尝试，获奖的规划设计机构不一定被确定为实施单位，其作者也不一定被委托为项目规划设计的规划师或建筑师。

（三）成果应用

规划设计方案征集，尤其是针对规划前期策划或功能定位研究、控规编制前或控规修规前的多方案比选和论证的方案征集，所获得的成果属于"半成品"，不能直接应用，要进行综合、优化和调整后才能形成最终的规划。比如北京奥林匹克公园的规划和上海世博会的规划就是在方案征集、深化、综合、调整、优化的基础上最终完成的。规划方案综合的过程是一个"再创作"的过程。规划实施方案既体现了优秀方案或获奖方案的基本特征，又融入了其他方案的优点，同时还包含了方案综合单位的创作。

而设计竞赛则不同，竞赛的成果往往会直接应用或在其基础上进行深化而形成最终的实施方案。如悉尼歌剧院、"鸟巢"、"水立方"，以及南非比勒陀利亚自由公园博物馆、纪念公园、纪念馆等综合体，就是如此。

（四）成果的权益

对于规划设计方案征集，通常情况下主办单位在向参加征集研究和规划设计的机构支付一定数量的设计补偿金后,可以取得与规划设计成果相关的知识产权的使用权。应征的规划设计机构享有应征规划设计方案的署名权。

而设计方案竞赛,尤其是UNESCO和UIA的竞赛标准规则和建议细则中定义的国际竞赛,参赛者保留其作品的出版权;未经作者同意,不得修改其作品。主办单位只能委托获得头奖的参赛者作为工程项目的设计人,主办单位不能全部或部分使用其他设计作品,无论其获奖与否,除非与参赛者达成协议。主办单位可以对所有的参赛方案进行展览和展示。

规划设计方案征集与规则设计招标、规划设计方案竞赛的主要区别如下表所示。

规划设计方案征集与规划设计招标、规划设计方案竞赛的主要区别

项目	规划设计方案征集	规划设计招标	规划设计方案国际竞赛
合同授予	不一定	授予合同	授予合同
必须具备的基本条件	根据征集研究的内容而定	招标之前须履行完项目审批或核准或备案手续,取得项目的规划条件	竞赛之前须取得项目的规划条件
参加者	参加者(应征人)通常是依法成立的法人实体,不接受个人应征;可以允许境外的规划设计机构独立参加征集	参加者(投标人)须具备建设行政主管部门核发的相应等级的城乡规划编制资质,境外的规划设计机构不能作为独立投标人参加投标	参加者(参赛人)的范围很广,通常情况下可以是机构也可以是个人,如各国的建筑师、规划师或对某一领域富有技能或经验的专业人员。针对某些竞赛还可允许建筑与城市规划专业学生作为参赛人参加竞赛
奖项和奖金	设置优胜奖(不分级)或分级的奖项(如一等奖、二等奖、三等奖)	通常不设置奖项,授予合同	设置分级的奖项(如一等奖、二等奖、三等奖)
规划设计方案的知识产权归属	规划设计方案的署名权归各个规划设计机构。主办单位可以在项目的规划设计中使用所有应征规划设计方案	招标人可以在项目的规划中使用中标人的设计方案。未中标人的设计方案的知识产权通常归属于未中标的投标人	主办单位不能全部或部分使用参赛者的设计作品,无论其获奖与否,除非与参赛者达成协议
成果应用	应征规划设计方案(即便是获奖的方案)也只是"半成品",不能直接应用,要通过方案综合、优化和调整后才能形成最终的规划	中标的设计方案往往会直接应用或在其基础上进行深化而形成最终的实施方案	获头奖的设计方案往往会直接应用或在其基础上进行深化而形成最终的实施方案

三、规划设计方案征集的适用范围

如前所述,规划设计方案的征集是规划编制过程中的一个开放研究环节,有一定的适用范围。

(一)规划前期策划和功能定位研究

规划设计方案征集适用于规划编制前针对规划区域的功能定位、产业发展策略、业态选择及配比、开发建设策略、项目前期策划等方面的研究。其主要目的是集思广益,寻找区域规划、产业发展的思路和多种可能性,其作用是确定规划地域的宏观发展战略,论证其合理功能定位、功能类型及构成比例、功能分区和空间架构，明确价值目标和规划实现机制等，为规划编制提供基础和依据。在这方面有很多成功的案例，如北京焦化厂工业遗址保护与开发利用规划方案征集（2008年）（以下简称"焦化厂项目"）、首钢工业区改造启动区城市规划方案征集（2009年）、北京门头沟新城南部地区规划设计方案征集（2010年）、丰台永定河生态文化新区规划设计方案征集（2011年）等。在焦化厂项目征集中，参加征集的国内外规划单位借鉴国内外老工业基地的改造利用和开发建设的经验，针对焦化厂的停产搬迁和功能转换，在用地功能结构和空间布局、工业遗产保护和更新利用（建设工业遗址公园）、具有历史价值的工业建（构）筑物的保留、更新和再利用的方式、污染治理和生态修复的措施、项目开发建设策略和实施步骤等方面提出了非常好的思路和建议。这些好的建议和意见在后续的规划编制和项目实施中都得到了体现。

（二）控规编制前的多方案比选和论证

规划设计方案征集同样适用于控制性详细规划编制或修订前的多方案比选、研究和论证，规划范围一般在 $1 \sim 3 \text{km}^2$，范围大的达到 $9 \sim 10 \text{km}^2$，15km^2 以上者较为少见。这类征集的主要目的是通过对规划区的功能构成及比例、布局形态及开发建设规模、控制性和建议性的技术指标、开发单元的划分及其开发强度和建筑高度的界定、交通组织和系统建设、公共空间与绿化系统、建筑界面和城市天际线、开发时序和规划实施等问题的研究，提出框架性的规划构思和规划措施，为编制该地区的控制性详细规划提供研究依据。在这方面有很多成功的案例，如北京商务中心区（CBD）规划方案征集（2001年）（以下简称"CBD项目"）、北京丽泽金融商务区规划设计方案国际公开征集（2008年），北京大望京商务区规划设计方案国际邀请征集（2009年）、中关村科技园区丰台园东区三期项目城市设计方案国际公开征集（2009年）等等。其中在CBD项目的征集中，受邀的规划设计机构对CBD区域的功能构成、布局形态、交通组织及城市设计进行研究，提出了框架性的规划构思和理念，如建立"模糊功能区"，采用生态规划模式，重视信息时代建筑与城市规划的观念转变，塑造以人为本的人性化城市空间，倡导公共交通优先，增加轨道站线，建立人性化的步行交通系统；重视分期开发与布局变化的问题，细化开发单元，采用功能区边缘模糊化的弹性设计和灵活性的规划对策等等。同时，各规划设计机构提交的城市设计方案展现了北京CBD新经济时代的都市风貌。这些研究成果为后续CBD控制性详细规划的编制提供了基础，而且对北京的规划建设也起到了借鉴的作用。

（三）重要功能区城市设计方案的比选和论证

规划设计方案征集也适用于对规划设计边界条件尚不十分明确的重要城市功能空间进行的多方案研究论证，规划的范围一般在几十公顷，1km^2 以上的较为少见。针对这样的项目，可通过公开或邀请的方式聘请数个国内外的规划设计机构，借鉴他们各自的经验，发挥各自的特长，对整体空间结构（如分区、轴线、视廊、界面、天际线、节点、地标等）、公共空间系统（如街道、绿地、广场、开敞性建筑空间组成的公共空间、地下空间、道路系统、环境景观、公共设施等）、建筑界面进行研究和设计，提出多个可供选择的城市设计方案，为后续地块控规的确定和城市设计导则编制提供参考。例如北京CBD东扩的核心区和奥林匹克公园中心区文化综合区的规划和城市设计导则的编制就采用了这样的征集论证组织方式，在集思广益的基础上，去粗取精，进行方案调整与深化设计，最终完成了地块控规和城市设计导则编制，取得了很好的成效。

规划设计方案征集是规划编制过程中的一个开放研究和探索的环节，是一个集思广益的过程。针对项目功能需求确定，外部边界条件、投资规模、开发容量和技术指标等明确的情况，旨在通过多方案比选，寻求特色鲜明的地标性物质空间形态，提升地段环境品质的项目，如校园的修建性详细规划、机场区修建性详细规划、公园的详细规划、居住区的详细规划等，可以通过规划设计方案征集、设计竞赛、招标或其他竞争性服务采购的方式确定城市规划编制单位。

第二节

规划设计方案征集的实践探索

理性的思考，源于对丰富的实践经验的科学抽象和科学总结。认真研究规划设计方案征集的实践，总结经过实践检验的有益经验，对于推动规划设计方案征集理论创新和城市规划设计方案征集事业的发展，具有重要的意义。

一、发展历程

随着改革开放的深入发展，我国逐步完成了从计划经济体制向社会主义市场经济体制的转换。与此相适应，我国的城市规划也发生了重大变化。在计划经济时期，城市规划是"国民经济计划的继续和具体化"，规划完全取决于"计划"。经济体制转换后，经济快速发展，国家经济实力稳步提升，城市发展的机制发生了根本性的变化，城市规划由过去的"被动性"转为"主动"。从20世纪80年代后期开始到90年代，随着我国城市化进程的快速推进，一些新的规划编制类型在我国相继出现，如中央商务区（CBD）、大型综合交通枢纽区、奥运综合功能区、世博会园区等等。在当时，国内的规划设计机构尚无成熟的相关规划设计经验。要建设一流的CBD，树立国际化都市的整体空间形象，必须对现实情况和规划目标有足够清醒的认识，以避免国际中心城区发展的弊端。在此情况下，政府及城乡规划主管部门为了高起点、高标准地编制城市规划，少走一些弯路，使城市在高起点上实现跨越式发展，将目光转向了国际，开放规划研究，引进国外的规划设计机构，借鉴国外先进的规划理念，学习国外成熟的规划技术和规划手段，组织了规划设计方案的国际征集和国际咨询，如深圳中心区（原福田中心区）的规划原则及概念方案国际咨询（1986），核心区城市设计、交通、地下空间综合规划国际咨询（1999），上海陆家嘴金融中心区规划国际咨询（1991—1992），北京商务中心区（CBD）规划方案征集（2001）等等。这些征集活动中所获得的规划思想、规划理念和规划手段对国内其他城市CBD的规划编制也起到了积极借鉴的意义。

2000年以来，城市规划工作更得到了各级政府的高度重视，全社会也对城市发展、城市建设和城市规划日益关注，各种规划设计方案的征集活动在全国范围内越来越多、越来越广泛地开展起来。规划设计征集活动覆盖的区域也日益扩大。到目前为止，全国多数省、市、自治区都举办过不同类型和不同形式的规划设计方案征集活动。在这些征集活动中，有许多是面向国际的征集，如北京奥林匹克公园以及北京五棵松文化体育中心的规划设计方案征集（2002），上海2010 世博会规划设计方案征集（2004），广州珠江口地区城市设计国际咨询（2000），北海银滩旅游规划设计方案国际征集（2001），郑州市郑东新区总体发展概念规划国际征集（2001），长沙湘江滨水区及橘子洲概念规划方案征集（2002），杭州钱江新城核心区城市设计、地下空间概念性规划、城市立体空间规划等规划设计方案征集和国际咨询（2003），重庆市大渡口区商业中心区城市设计方案征集（2003），太原市南部新区总体发展概念规划方案征集（2003—2004），哈尔滨哈西地区概念规划国际征集（2004），内蒙古鄂尔多斯康巴什（青春山）新城中心区修建性详规暨城市设计方案征集（2004），成都南部新区起步区核心区概念性城市设计及地下空间综合规划方案征集（2005），天津滨海新区五大功能区（高新技术产业区、海港物流区、临空产业区、滨海中心商务商业区和海滨休闲旅游区）规划设计方案征集（2006），成都市沙河堡客运站片区城市设计方案征集（2006），武汉东湖概念性规划方案国际征集（2007），内蒙古市中心城市总体规划修编方案国际征集（2007），西安灞河公园景观规划设计方案征集（2008），石家庄高新区核心区域城市概念规划及设计方案征集（2008），兰州市九州体育主题公园概念性规划方案征集（2008），苏州东太湖湖滨新城概念规划国际咨询（2011）。由此可见，现在已经有很多省市把规划设计方案征集作为城市重点地区规划研究和方案比选的模式大量开展。

随着我国社会经济的发展，综合国力的增强，我国城市建设的速度不断加快，城市规划设计市场的开放度越来越大。这一切对于国内、国外顶尖城市规划设计机构都具有极大的吸引力，参与规划设计方案征集的规划设计机构的层次越来越高。从参与规划征集活动的机构来看，2008年全球事务所排行榜上，综合类TOP20中至少有70%的事务所，单项总体规划类排名TOP10中至少有50%的事务所，城市设计类排名TOP10中至少有50%的事务所，以各种形式参与了中国各个层次的规划与城市设计方案征集活动。这些顶级规划设计机构的加盟，对于推动我国城市规划设计水平的提高，发挥了积极的作用。

随着规划设计方案征集活动的广泛开展，参与规划征集的国内外知名规划单位的增多，国内规划设计机构与国外规划设计机构的技术交流与专业合作得到加强。目前，许多国内的规划设计机构已经与国际上知名规划设计机构或咨询机构建立了稳定的联系与合作关系。这些国际交流与合作，使我们不但获得了一批高质量、高水平的城市规划设计成果，更使得我国的规划设计机构对于国际上先进的城市规划设计理念有了更为准确的理解和把握，拓宽了规划设计思路。

国际上开展城市规划设计国际竞赛的时间远比我国长，已经形成了一套较为规范的运作方式和规则，比如联合国教科文组织颁布的《建筑与城市规划国际竞赛标准规则》。我们在开展规划设计方案征集活动的过程中，可以借鉴国际上的组织模式和程序，不断地总结经验，探索适合我国国情的操作方法，规范征集活动的组织管理，逐步形成具有中国特色的、规范的征集组织程序，从而提高规划征集的实效。目前，一些省市的城乡规划主管部门已经制定了专门的城市规划方案征集管理办法，如《山东省城市详细规划方案征集管理办法》等。

二、点滴经验

组织规划设计方案征集活动对于城乡规划主管部门以及其他相关的单位来说是一项十分复杂的系统工作，涉及城市规划、政治、经济、社会、法律、管理等多种学科和规划、发改、土地、环境、交通、中介机构等多个部门、单位。十余年规划征集活动组织的实践，我们总结出以下几个方面的经验。

（一）依托政府的支持

如果说城市规划是重要公共政策，城市规划的编制过程就是政策的研究制定过程。政府作为城市领导者、管理者和经营者，担负着管理与建设城市，推进城市发展的行政职能，在规划的编制中政府具有主导作用。

政府在城市规划中的主导作用贯穿在规划的编制、规划的管理、规划的落实等方面。规划方案征集活动是规划编制和规划研究的组织模式，征集研究内容关系到经济社会发展、公共资源配置、生态环境保护、利益关系协调、社会公平的维护等重要事项，涉及政治、经济、文化、社会生活和自然环境等各个领域。征集的规划条件的确定，通常需要政府或城乡规划主管部门组织或协调研究。从我们的实践来看，诸如北京焦化厂工业遗址保护与开发利用规划征集条件、苹果园交通枢纽规划征集条件、丽泽金融商务区规划征集条件、首钢地区规划征集条件、第九届中国（北京）国际园林博览会规划征集条件等，都是北京市规划委会同市发改委、市国土局、市经信委、市环保局、市园林绿化局、市交通委、市住建委等单位共同组织研究，形成研究意见后汇总，提交委办局联席会讨论，再经专家评审后确定的。有些重要项目的征集条件需报政府审批确定。因此，只有充分发挥政府的作用，由政府及相关行政主管部门来帮助组织或协调才能提高规划征集工作的效率。

（二）搭建工作平台

城市规划征集是一项战略性、全局性、政策性、综合性和公益性很强的工作，征集活动的组织离不开一个好的工作平台。总结我国城市规划征集，特别是北京市的经验，要搞好城市规划设计方案征集，必须搭建一个好的工作平台。

1. 搭建决策平台

城市规划是为了实现一定时期内城市的经济和社会发展目标，确定城市性质、规模和发展方向，合理利用城市土地，协调城市空间布局和各项建设的综合部署及具体安排。城市规划的作用要得以发挥，规划决策是关键。城市规划的科学决策，直接关系到城市总体功能的有效发挥，关系到城市经济、社会、人口、资源、环境的协调发展，关系到整个城市公众福利的充分实现。规划征集是规划研究的过程，也是规划决策的过程，此阶段的工作组织，如征集条件的审定，征集研究过程中的阶段汇报和沟通，应征规划设计方案的评审，征集方案的调整综合等，都应与规划决策机制对接。我们的经验是建立一个由主办单位、城乡规划主管部门、相关行政主管部门、专家组、利益相关方、公众代表组成的规划征集决策平台，负责征集条件制定，规划研究大纲以及规划成果的评审和评价。规划征集决策平台的搭建能够协调不同规划系统、不同规划层面、不同规划类型之间的相互关系，协调局部与全局、近期与远期、条条与块块等之间的关系，使其有效衔接，相互融合。同时规划征集决策平台的建立有利于把规划中涉及的有关区域协调发展、资源利用、环境保护、公众利益和公众安全的需求合理高效地落实到征集条件、规划要求和规划方案中去。

2. 搭建技术平台

规划方案征集多为重点地区和重点功能区的城市规划研究和地区整体发展研究。为保障方案征集工作科学开展，规划技术的完善是前提。在征集组织过程中要建立一个由经济、产业、规划、建筑、景观、环境以及交通设计等组成的综合规划技术平台，负责准备规划基础资料，把规划、道路交通、绿地系统、水域、文物保护等各专业信息汇总成图，建立信息图层。同时，还应建立城市规划决策支持系统，支持复杂空间问题的决策研究，把数据库、分析模型、决策者的知识、图形、报表及用户接口等集成在一个统一的系统中。在征集过程中，城市规划决策支持系统可为技术平台的人员提供强有力的支持，推动规划决策的现代化进程。技术平台的搭建一方面可以为政府的科学决策提供重要的依据和技术保障，另一方面也可以为规划方案的落地提供技术支撑和可行性论证。

3. 搭建交流平台

城市规划作为城市的公共政策之一，既是一个相对独立的部门政策，又包含有其他部门公共政策的部分内容。在规划征集过程中，参加征集的规划设计机构，尤其是境外的规划机构，对规划区及所在城市的发展战略、产业现状、人口和社会环境等背景资料和信息往往掌握不足，如果缺乏有效交流平台将会导致规划征集失效。因此，征集过程中构建有效交流平台十分重要。有效交流平台的搭建是方案征集的基础性工作。北京市规划委员会在组织规划方案征集的过程中，首先构建了以规划委、相关行政主管部门、规划信息中心、方案征集代理机构为核心的信息链。在经济迅速发展，社会快速转型，各部门政策频繁出台的情形下，信息链的构建，可以有效地防止信息不对称，信息交流不畅或信息传达不及时等问题的出现。通过这个信息链，及时将政府最新的公共政策、发展思路、政策目标，以及其他城市管理部门的公共政策、行业政策和规划要求，向参加征集活动的规划机构传达。其次，建立沟通交流平台，从方案征集开始的前期情况介绍，到中期的规划设计情况交流沟通，再到规划成果的阶段性评价，主办单位要组织规划设计机构与相关行政主管部门（包括规划、交通、发改、国土、环保、园林绿化、文物保护、用地权属单位等）、规划用地当前使用者（尤其是一些专属用地，如铁路、机场、码头和大型工业用地等）以及专家进行沟通，及时发现问题，及时纠正，为规划设计机构在规划中全面落实政府的各项政策和发展目标，使规划具有现实操作意义提供保障。

4. 搭建公众参与平台

城市的可持续发展必须提高市民的生活水平，为城市中所有的人提供良好的生活环境，体现人人共享城市的思想。从这一层面来讲，城市规划决策就是在为城市人的未来生活空间提供综合部署和具体安排，是事关每位城市人利益的大事。我们的经验是，在征集组织过程中，利用政府信息化平台和北京市规划委的公众参与规划决策体系，搭建公众参与平台，具体的做法是：

（1）规划设计方案征集文件的编制过程中，征求用地内产权单位（个人）和周边利害关系人的意见，充分听取他们的建议，并尽可能地将城市发展目标与产权单位（人）的意愿相结合，调动相关参与方的积极性，体现规划决策的民主性。

（2）在组织方案征集过程中利用政府信息网和其他媒体将征集公告、资格预审、中期交流、应征方案评审结果等信息及时地向公众公开，让公众了解征集的进展情况，搭建公众监督平台。

（3）对应征设计方案展览和网上公示，收集公众的意见，搭建表达民意的平台。

（4）在征集方案综合阶段，通过意见征求表、座谈会、社区走访、调研的方式了解市民的需求，广泛征求专家以及社会各界的意见和建议，搭建公众参与决策的平台。

上述做法不仅维护了社会的公平，也促进了科学决策。规划编制既需要政府、规划人员、开发单位和公众等社会各利益群体的共同协调和努力，更需要从全民意识和法制角度上保证规划的科学性和有效性。

（三）建立专家系统

在规划设计方案征集实践中，要充分调动专家的积极性，发挥专家的作用，尊重专家的意见。在征集组织中，可聘请一定数量的专家为征集的全过程提供技术支持，从征集条件和征集任务书的编写及论证，到规划设计情况的中期交流和沟通，再到规划设计方案的评审和征集后续的规划综合调整，进行全过程的跟踪和咨询服务。同时，政府的规划行政主管部门要建立长效的专家机制，建设由规划及相关专业资深的专业技术人员组成的专家库。

北京市规划委员会自2000年以来，就开始致力于规划设计专家库的建设。经过十多年的努力，现已建成了百人以上的资深专家库和数百人的规划设计专家库。专家的专业领域涵盖了区域规划、城市规划、区域经济、产业经济、旅游、交通、市政、园林绿化、文物保护、生态环境、水利、房地产开发策划等专业。专家中有两院院士、国内外的设计大师、知名学者、行业资深人士以及城市规划管理人员。专家库的建设不仅注重专家的理论和学术水平，还考虑专家的规划设计实践以及规划编制和规划管理的经验。因此，在专家库中还包含了一定数量的城市规划编制、审批和管理的资深人员。此外，专家库中除本地区的专家外，还包含了国内其他省市及境外的专家。这些专家为北京的规划和建设作出了贡献，在举世瞩目的奥运规划建设和世界城市的建设中发挥了和正在发挥着积极作用。

（四）科学评价体系

正如前文所说的城市规划的编制过程是政策的研究和制定过程，规划设计方案征集是政策研究和制定过程的集思广益和决策过程。规划设计方案不同于建筑设计方案，在某种程度上它的内容更具有综合性、复杂性、长期性、战略性和非直观性等特点，因此，建立一个科学的评价体系，设计科学和理性的评审程序与方法十分重要。

在规划征集的实践中我们采用了初步技术审核（以下简称"技术初审"）和方案评审相结合的方案评价和遴选程序。技术初审工作是根据征集文件提出的规划设计条件和设计要求，按照统一的标准对每个规划方案在规划条件（建设容量、功能配比、基本交通、基础地形）、基础设施与城市现状及规划的衔接关系、规划创新的技术风险及经济风险、开发建设的可操作性、规划技术措施的成本效益等方面进行分析和整理，揭示出每个规划方案的技术路线、技术措施、创新特色，以及应征方案是否实质上符合征集文件的基本要求，是否存在实施风险等方面进行客观评价。方案评审工作是一个规划优选和决策的工作，通过对规划方案的系统目标（包括社会、经济、人口、产业、城市空间、生态环境、历史文化）、创意构思，以及在空间结构、空间形态、交通组织、景观意向、生态系统、防灾安全、标志性等方面的实现手段的主观评判完成方案的评选。

技术初审和方案评审相结合的方案评价和遴选程序，有助于实现规划设计方案征集的集思和优选的决策目的。技术初审工作的成果所揭示的各规划方案技术特色和方案的优点，可为后续的方案调整和综合提供"集思"参考。

（五）引入中介机构

规划设计方案征集是一项复杂的系统工程，涉及面广，环节多，专业性强，组织工作繁杂，而且经常会遇到新问题、新情况。北京市规划委在多年的方案征集实践中总结了一条经验，那就是转换政府管理职能，"政府咨询外包"。

早在2002年，北京市规划委就委托北京科技园拍卖招标有限公司作为独立的竞赛代理服务机构，运用国际竞赛的方式组织了国家体育场（"鸟巢"）建筑概念设计方案竞赛活动。北京市规划委员会综合运用经济、法律手段的方式来进行征集活动的管理，把规划设计方案征集的程序组织事务委托给有公信力的社会中介组织来运作，中介组织在人员力量和征集经验方面有得天独厚的条件，可协助政府更高效、更经济地解决公共问题。同时由于第三方独立的专业机构具有很强的市场公信力和号召力，因此能在更广泛范围内吸引到更多高水平的国内外规划机构参与征集项目。

规划设计方案征集的意义

　　中国目前已经进入了城市化快速发展的阶段，国家的经济结构、社会结构和空间结构将发生深刻的变化。今后一段时间将是我国城市发展的关键时期，城市规划将面临前所未有的机遇和挑战。面对这样的形势，要把握机遇，迎接挑战，改革和创新城市规划编制组织运作模式势在必行。规划设计方案征集这种规划编制和规划研究的组织运作模式正是从我国的国情出发，具体落实"政府组织、专家领衔、部门合作、公众参与、科学决策"原则的创新模式之一。采用这一模式，有利于在规划编制过程中贯彻科学决策、民主决策、依法决策精神，坚持开拓创新、集思广益、求真务实的工作作风；有利于多角度、多渠道、多层次地进行规划研究和优胜劣汰竞争性的选择规划方案；有利于我国规划编制管理和规划编制组织水平的提升；有利于我国规划人才的培养和规划队伍的建设；有利于规划理念和规划技术的创新。

一、推进规划编制管理体制的改革和创新

　　规划设计方案征集这种规划编制和研究的组织运作模式，是规划编制组织管理体制的一项改革和创新。

　　第一，规划方案征集改革了"闭门规划"、"长官意志"的组织模式，提出开放规划和开放研究的组织模式。采取开门编制和开门研究的方法，多角度、多层次、集思广益地进行规划研究和论证。邀请国内外的多家规划设计机构，聚集国内外规划师的智慧，引入国内外先进的规划理念和规划技术，借鉴其他城市或国家的经验，对同一个规划区的城市功能、空间形态、城市景观、交通、市政等问题进行研究和充分论证，寻求科学、合理、可行的规划方案。这种开放的研究方式表达了一个城市的开放性，符合城市国际化的需要，也是开发经营城市的一种手段。

　　第二，规划方案征集改变了"精英规划"、自上而下和谨遵一家之言的规划编制模式，是确保规划决策的科学性和民主性的有效保障。规划编制离不开城市规划师的专业知识，离不开政府各部门间的合作，离不开专家学者的充分论证，更离不开公众的广泛参与。政府各相关行政主管部门、利益相关单位或人员、专家顾问以及公众代表，在规划征集组织的各个环节积极参与，使公众利益、政府政策在规划中得到充分体现，减少规划决策的风险，避免规划决策失误，提高规划决策的严谨性、规划成果的权威性和规划实施的可行性。

第三，规划方案征集程序的公开性，征集过程的透明性，是贯彻"阳光规划"的有效措施。规划方案征集从征集信息的发布到征集结果的公示和公告，保证了公众对规划征集活动的知情权、参与权和监督权，体现了政府政务公开的良好风范。

第四，规划方案征集作为规划编制和研究的组织运作模式，丰富了城乡规划编制组织管理方法和实践，为城乡规划编制管理理论的探索、研究和创新提供了实践基础。理论来源于实践，又反过来指导实践，这是马克思主义的一条基本原理。没有实践基础的理论往往是空洞无物的理论。目前，城市规划设计方案征集在我国已经得到了普遍的发展，已有一些著作和论文从工作实践的角度对规划方案征集的组织程序和组织方式进行了探讨，这为规划编制组织模式的基础理论研究和应用理论研究提供了良好的基础。

二、提升我国规划编制水平

在市场经济和经济全球化条件下，任何一个规划设计机构，都是要通过竞争占领市场，提高自己的市场份额。规划设计方案征集是一种竞争性选择规划方案和规划机构的方式，征集过程和征集程序体现了公开、公平、公正的原则。在规划征集过程中，优胜劣汰是永恒的法则。因此，只有那些规划理念新颖、规划技术先进、规划服务质量优良的规划设计机构才能在竞争中脱颖而出。面对这样严峻的竞争形势，任何一个规划设计机构要想在激烈的竞争中取胜，就必须不断创新理念，更新技术，提高规划水平和服务意识。

竞争的环境促进了规划机构的改革创新和自身素质的提升。采用规划设计方案征集的方式选择规划单位，不但有利于国内一流规划设计机构发挥其竞争优势，也为境外规划机构进入国内市场提供了制度的保障，还为我国政府兑现对世界贸易组织（WTO）的承诺奠定了市场基础。同时，采取征集方式，在国内外征集城市规划设计方案，可以有力地促进国内城市规划设计行业的国际化进程，在竞争中寻求国际合作，加强国内、外城市规划设计行业的交流和了解；借鉴国际上先进的理论、方法、实践经验，学习国际上先进的城市规划设计理念和手段，开阔我国城市规划设计行业从业人员的眼界，提升素质、丰富经验。国际化进程的推进，还可以使我国的城市规划设计机构熟悉国际城市规划市场的竞争规则，为我国的规划设计单位走出国门参与国际竞争奠定了基础。因此，推行规划设计方案征集运作模式，有利于完善规划行业的竞争机制，提升我国规划编制的整体水平和规划机构的竞争力。

三、促进规划理念和技术的创新

规划技术和规划理念的创新是规划设计机构在激烈的竞争中保持优势的法宝，也是规划设计机构生存与发展的灵魂。随着经济社会的不断发展，许多创新的规划理念不断涌现，先进技术和方法，如城市规划决策支持系统、地理信息系统（GIS）、遥感（RS）技术等，都在规划设计中得到了应用。

要充分利用这些新思想、新观点、新技术和新方法，就必须建立一个能够鼓励创新的机制。规划设计方案征集，就是一种有利于推动规划理念和技术创新的机制。这种机制之所以有利于推动创新，就在于它是通过市场化运作，引入竞争机制，来获取规划方案或规划构思、规划方法。在采取征集方式选择城市规划方案时，由于国内外著名团队的进入，使得竞争十分激烈。规划设计机构要想在竞争中立于不败之地，就必须与时俱进、改革创新，不断吸收新理念，利用新技术，采用新方法，增强自身的竞争能力。唯有如此，才能在激烈的竞争中立于不败之地。

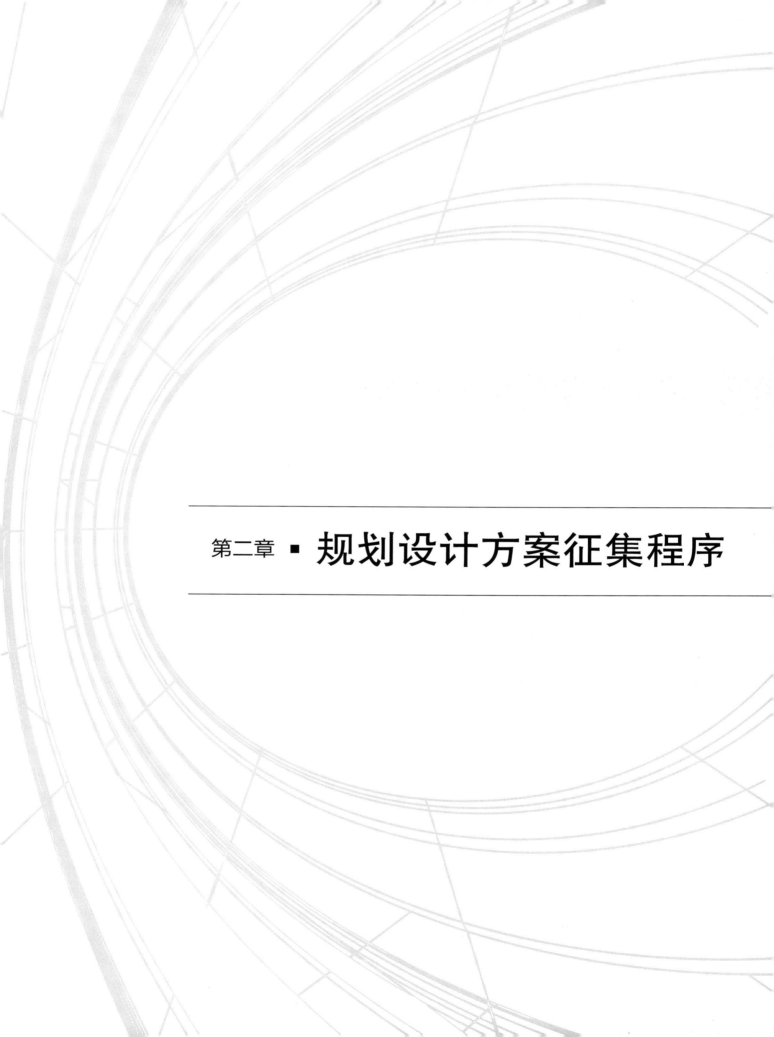

第二章 ▪ 规划设计方案征集程序

规划设计方案的征集作为一种集思广益、博采众长、竞争性地组织规划编制和规划研究的模式，需要有一套科学、合理、公平、公正、严谨的组织和操作程序，兼顾征集研究的开放性、互动性与方案选择的竞争性、公平性和公正性，才能维护征集活动各参与方的合法利益，保证征集工作的顺利进行。目前国家对于规划设计方案征集尚无具体的管理办法、实施细则和操作规范，在征集实践中我们借鉴建筑工程设计招标投标的程序以及联合国教科文组织通过的《建筑与城市规划国际竞赛标准规则》，结合规划设计方案征集本身的特质，探索适合我国规划编制管理体制的征集组织工作程序，其中也不乏欠缺之处，尚需进一步补充和完善。

第一节

征集操作程序概述

规划设计方案征集操作程序，视具体项目的不同而有所差别，但是，总结国内规划设计方案征集的经验，以下规划设计方案征集组织工作程序是较为通行的，在北京CBD核心区规划征集、奥林匹克公园规划设计方案征集、奥运中心区和森林公园的景观规划方案征集、北京焦化厂工业遗址保护与开发利用规划方案征集、北京丽泽金融商务区规划设计方案征集、首钢工业区改造启动区城市规划设计方案征集、北京丰台科技园三期规划设计方案征集中都得到了采用，并取得了很好的效果。

这一程序具有以下鲜明特点：

第一，系统性。规划设计方案的征集是一项系统工程，因此，在规划设计方案征集操作程序的设计上，必须运用系统的理念，将征集的操作程序作为一个系统来考虑。下述程序，正是从全系统的角度考察问题，系统地考虑到规划征集全过程的每个阶段和每项工作，因此，具有较强的系统性（图2-1）。

第二，特殊性。规划设计方案征集在组织和操作程序上与国际上通行的设计方案竞赛以及我国目前实施的建筑设计方案招标有很多相同的地方，但又不同于设计方案竞赛和规划设计方案招标，有其自身的特点。比如设计情况的阶段性汇报，不排名次的优胜方案奖的设立等等。

第三，通用性。虽然规划设计方案征集的内容千差万别，规划设计的任务和目标也不尽相同。但是，在组织程序上都具有相同的特征和特质。因此，规划设计方案征集程序的设计，必须具有通用性，即程序不但适应某一类项目规划设计方案征集的需要，同时应具有较为广泛的适用性。上述程序经过广泛的实践检验，在不同类型的项目中得到应用，具有明显的通用性，可以用于各类规划设计的征集。

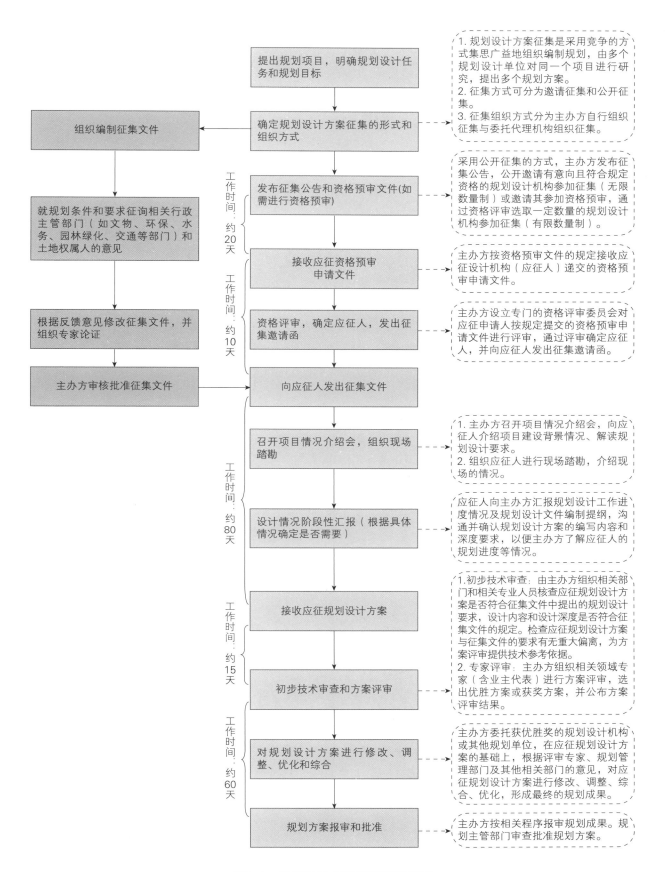

图2-1　规划设计方案征集组织程序

第四，严密性。规划设计方案征集步骤多，涉及关系复杂。因此，只有采取最严密的程序，才能有效保证征集活动的效果。上述程序涵盖规划设计方案征集程序的全过程，包括规划设计方案征集的全部活动，环环相扣，紧密衔接，比较严密，能够很好地适应规划设计方案征集对于程序严密性的要求。

第二节

征集的主要阶段及工作内容

规划设计方案征集是一个过程与活动的集合，可以分为若干相互衔接的不同阶段。按照时序，征集活动可分为以下主要阶段。

一、征集准备阶段

征集准备阶段是整个规划设计方案征集工作的起始和规划的阶段。好的开头，是成功的一半，征集准备工作的充分周密关系到规划设计方案征集的成效。因此，对于这一阶段的工作，必须引起高度重视。征集准备阶段的主要工作可归纳为以下几个主要方面：

（一）编制征集工作方案

为保证整个征集工作有序进行，必须对整个征集活动进行科学合理的策划，编制征集工作的方案。编制征集工作方案的目的是为了规范、有序且有的放矢地实施规划方案征集工作。工作方案的编制，应针对项目的规模、功能定位、规划目标、开发模式和时序进行研究，综合考虑规划设计所需的合理时间、成本费用等因素进行编制。在征集工作方案中应明确如下事项：

（1）方案征集的规划设计范围（规划区的四至范围、规划用地面积）、规划设计任务和编制内容。

（2）征集的组织机构〔主办单位、承办单位（如果有）、代理机构〕，明确征集活动组织过程中参与各方〔主办单位、各相关行政主管部门、承办单位（如果有）、代理机构〕的职责和具体分工。

（3）征集方式，如国际/国内公开征集、国际/国内邀请征集。

公开征集是指主办单位以征集公告的方式邀请不特定的符合应征资格条件的规划设计机构参加征集，提交应征规划设计方案，或以征集资格预审公告的方式邀请不特定规划设计机构提交应征资格申请，通过资格评审选取一定数量的应征规划设计机构作为应征人参加规划征集。

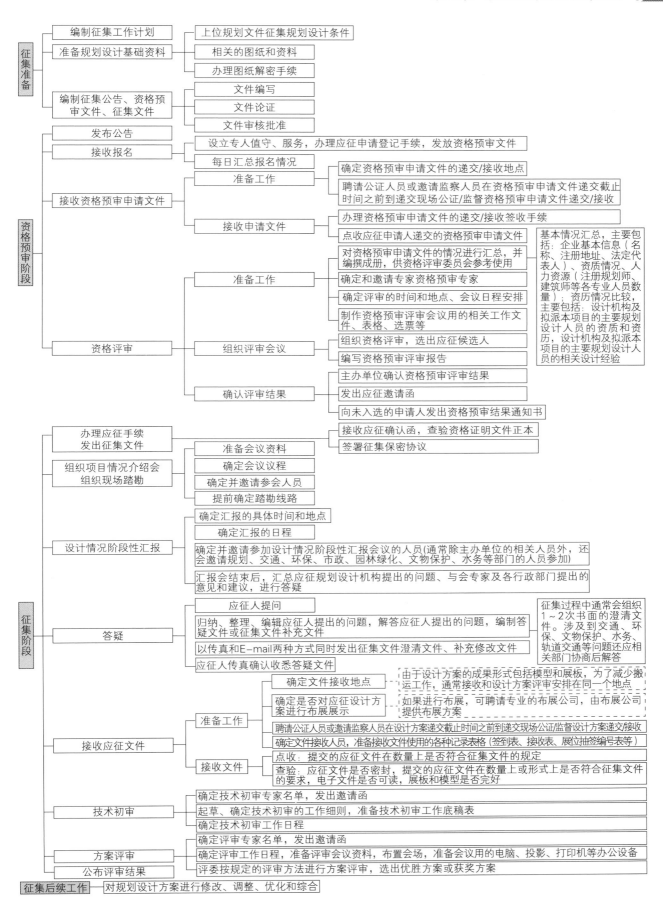

图2-2　规划设计方案征集主要阶段及主要工作内容

邀请征集是指主办单位定向选择一定数量符合资格要求的规划设计机构，直接向其发出征集邀请书，邀请他们参加征集，提交应征规划设计方案。

（4）征集组织形式（自行组织/委托代理机构组织）。

（5）征集工作时间和进度安排，明确征集各阶段的工作周期、工作时间节点和总的工作时间。

（6）应征规划设计机构（即应征人）的资格条件、数量，明确对境内和境外应征人的资格要求，如主体资格、规划设计资质或资格，是否接受境外应征规划设计机构独立应征，是否接受联合体应征，采用有限数量制时还应规定应征人的数量，明确资格审查的方式。

（7）规划设计成果的编制深度、提交形式（A3图册、展板、模型、多媒体演示文件）和数量要求。

（8）奖项的设置和奖金的数额，征集中奖项的设置可采用分级设置，如一等奖、二等奖、三等奖；也可不分级设置，如优胜奖2名，有些研究性很强的征集可不设置奖项。

（9）应征设计补偿金的设置。

（10）规划设计方案评审的标准和方法。

（11）征集活动相关的知识产权的规定（包括征集文件及相关资料和应征设计方案的知识产权）。

（12）征集工作质量和进度保证措施。

（13）征集经费预算。

（二）编制征集公告、资格预审文件及征集文件

1. 征集公告、资格预审文件

采用公开征集方式时需在相关的媒体上发布征集公告。征集公告是向潜在应征人传递项目基本信息的重要文件，是规划设计机构了解设计项目的第一个步骤。征集公告的编制必须准确、规范、简明，无歧义。

征集公告中应包含以下基本信息：项目的名称、主办单位和代理机构、项目的规模、建设地点、征集的方式、征集设计任务、对应征人的资格条件、是否限定应征人的数量及选择方式、征集时间安排、资格预审文件（如果需要进行资格预审）的获取方式和时间、资格申请文件的递交截止时间、优秀奖项、酬金、奖金设定情况、征集使用的工作语言、适用的法律、征集联系方式以及其他的规定。

资格预审文件是规划设计方案征集的重要文件之一，由资格预审邀请函、资格预审须知及附件等文件组成。资格预审的目的完全是为了检查、考核、衡量应征申请人是否具备完成项目规划设计的能力。资格预审文件应根据项目的规模、功能特性、专业特点、征集规划设计任务、工程建设规划、项目实施进度要求编制。资格预审文件中应明确规定应征人的资格条件（如规划设计机构的执业资质或资格以及执业资质的等级，规划师、建筑师的执业资格）、经验背景（尤其是与征集项目的规模和性质相类似的规划经验和业绩），同时说明境外的规划设计机构是否可以独立应征，是否须与境内的规划设计机构联合应征，资格评审的方法等等。关于资格预审文件的编制将在第三章详细介绍。

2. 征集文件

征集文件是应征规划设计机构进行规划设计以及编制应征商务文件的指导性文件。征集文件要全面详细地介绍项目的特点和规划设计要求，提出应征人在征集过程中应当遵守的规定。关于征集文件的编制将在第三章详细介绍。

（三）征集文件的翻译

在组织规划设计方案国际征集时，为了方便境外的规划设计机构理解征集程序和规划设计要求，有效地响应征集文件的要求，提高征集工作的效率，通常情况下会把征集相关的文件翻译成国际建协的正式工作语言（英语、法语、俄语、西班牙语）的一种或两种语言。组织征集相关文件的翻译是一项系统的、严谨的工程。因为，征集组织过程的各种文件如征集公告、资格预审文件、征集文件及后续的征集澄清文件等的翻译是要向参加征集的规划设计机构传递准确的征集活动的各方面信息。因此，不仅要求翻译工作做到语言准确，而且要求保持和国际上通用的术语高度一致。相对来说，译文语法准确性是基本要求，一般翻译都能达到，而采用规范的文体以及规范的术语，是征集文件翻译中需要重点关注的问题。因此，在征集文件翻译过程中，首先要对征集文件进行完整的分析，确定征集文件的文体形式，尽可能地找出征集文件采用的是哪种规范文本或者征集文件需要参照哪种规范文本进行翻译，这样就能准确把握文体格式和其中规范的术语及专业词汇。通常情况下征集组织程序的术语可以参照联合国教科文组织（UNESCO）的《建筑与城市规划国际竞赛标准规则》（Standard Regulations for International Competitions in Architecture and Town Planning）和国际建筑师协会（UIA）针对上述标准规则编制的标准注释及建议细则。

（四）建立征集组织机构，搭建工作平台

城市规划具有综合性，它对于政府各职能部门的设想具有协调功能，对于城市发展中的各种要素具有统筹作用。为了"多规合一"，使人口规划、产业规划、空间规划、土地利用规划、城市文化遗产规划和生态环境规划等多个规划整合互通，充分发挥系统性的作用，使规划的各系统之间和各规划层级之间相互融合、相互协调、相互作用、相互发展，作为规划设计方案征集的主办单位，在开展规划方案征集之初，要建立起高效、便捷的协调机制。在征集组织过程中，征集方案的编制、规划任务和规划内容的制定、规划条件和规划要求的论证和确定、规划设计的调控、应征规划方案的评价、规划方案的综合、优化和深化过程中的论证，都需要请政府各相关委办局和专家参与。这是保障规划方案征集工作得以顺利开展的重要环节。

由于规划方案征集工作时间较长，涉及各个专项问题较多，因此要成立专门的征集组织机构或临时工作小组，建立对口行政主管部门和参与各方的联系人制度以及征集工作联络和协调机制，明确征集组织过程中参与各方的工作分工和职责。

1. 搭建信息平台

城市规划是公共政策，是为了弥补市场或政府"失灵"，解决公共问题以及维护和协调城市公共利益，它是由政府及其他相关利益主体共同协商所形成的。规划方案征集是这一公共政策研究和制定的一个工作环节。

规划方案征集要求带有一定的政策性和指导性，信息平台的搭建有效地弥补了信息不对称、政策不衔接的问题。组织规划方案征集，搭建信息平台是方案征集的基础性工作。建立以主办单位—城乡规划行政主管部门及相关行政主管部门—规划信息中心—方案征集代理机构—应征规划设计机构为核心的信息链，为规划征集提供政策信息支持。

2. 搭建技术平台

规划方案征集多为对重点地区、重点功能区的城市规划研究和地区整体发展研究，建立一个由规划、建筑、景观、环境、生态、文物保护、交通、产业经济等方面的专家组成的技术平台，是推动规划方案征集工作科学开展的重要保障。技术平台的搭建为领导的科学决策提供重要的依据和技术保障，同时技术平台的搭建，有助于从城市功能、产业发展、人口结构、生态环境和城市空间环境等方面进行分析，并建立各种信息化模型辅助分析，力求规划设计与建设实施相统一。

规划行政主管部门将征集方案中涉及的规划、道路交通、产业发展、绿地系统、水域等各专业信息进行汇总成图，并建立信息图层，各个规划设计机构可以根据设计需要调取需要的规划信息。

3. 搭建公共参与平台

规划作为公共政策是为解决公共问题而采取的行为措施，必须为大众所认可，从而获得可行的基础保障。公共政策由其性质所决定，其目的在于为全体公民谋取利益，而不是为少数人或特殊利益集团谋取利益。一项公共政策，尤其是专业性的公共政策必须符合某种公众认可且法律确认的规则。解决公共问题，维护公共利益的过程中，要协调和兼顾各种利益，在促进整体利益、公共利益和长远利益的同时，最大限度地减少对局部利益、个人利益和近期利益的损害。

在组织规划方案征集过程中，充分利用政府网站建立公众参与平台，及时将征集活动的情况通过网络和媒体向公众公布。同时，还利用规划展览这个平台进行现场公示和展示，让社会各界群众参与其中。

（五）落实征集条件

开展规划设计方案征集工作，必须具备一定的条件。在落实征集条件时，必须做好以下几个方面的工作：

（1）落实征集组织实施必需的资金。

（2）组织前期规划条件研究。

（3）确定规划任务、范围和内容。

（4）准备和梳理规划征集的设计基础资料，如上位规划，规划地区自然、地理条件及历史资料，规划区人口分布现状，规划区土地利用现状情况，规划区现状产业发展、业态特征及未来发展要求，重要企事业单位情况，现有居住、工业、重要公共设施，城市基础设施和园林绿地、风景名胜等城市重要现状情况及发展要求，城市环境及其他资料，与本规划区有关的已审批的规划，规划管理审批信息（包括规划区范围内的城市建设用地划拨资料、已批修建性详细规划、已批规划用地许可证及其规划设计条件和建筑放线验线资料）等；规划设计的基础图纸，如用地现状图、区域位置关系图、规划范围示意图、周边关系图、影像图、用地规划示意图、公共服务设施规划示意图、现状及规划保留用地限建条件示意图、道路交通规划示意图、轨道交通规划示意图、交通场站规划示意图、市政设施规划示意图、河/湖/水系规划图等。

（5）办理图纸使用许可的手续。

（6）对需进行脱密的图纸进行脱密处理。

提示

　　在向境内外应征规划设计机构发出图纸资料前，尤其是地形图等的CAD格式电子文件前，须对图纸进行脱密处理，同时须与应征规划设计机构签订保密协议。

（六）编制征集工作进度计划

征集工作进度计划对于圆满完成征集任务，系统、有效地组织征集活动，实现征集的目标是十分重要的。

征集工作通常分为如下几个阶段：

1.征集准备阶段

该阶段的工作主要有：签订征集代理委托协议（委托代理机构组织征集时），准备规划设计的基础资料，研究确定规划设计范围、设计条件和设计任务，研究确定征集组织方案，审查和批准征集费用计划，编制征集公告、资格预审文件及征集文件。

2.应征人资格审核阶段

该阶段的工作主要有：发布征集公告，规划设计机构应征报名并准备资格预审申请文件，资格预审评审并确定应征人名单，应征邀请及应征确认。

如果是邀请征集，这一阶段的工作主要有：准备规划设计机构长名单，与潜在的应征规划设计机构联系、交流、沟通；组织与潜在应征规划设计机构的见面会，沟通合作意向；确定应征人短名单；确定应征人名单，发出应征邀请。

3.征集阶段

该阶段的工作主要有：办理应征手续，如接收应征保证金，签订规划图纸资料保密协议；发出征集文件；组织现场踏勘和项目情况介绍会；接收应征人提问；组织应征规划设计情况中期汇报；编制并发出征集澄清文件。应征规划设计机构进行应征方案规划设计。

4.递交应征文件及评审阶段

该阶段的工作主要有：应征规划设计方案的接收和评审。

5.征集结果公告，征集成果展览阶段

该阶段的工作主要有：对征集的结果进行公告，对征集的成果进行展览。

二、征集公告发布和资格预审阶段

采用邀请征集的项目，不需发布征集公告或资格预审公告，不需组织资格评审，主办单位将向特定的规划设计机构发出征集邀请函，邀请他们参加征集。

如果采用公开征集的方式通常要发布征集公告或资格预审公告，组织应征申请人的资格审查。

征集公告发布和资格预审阶段，是整个征集活动的开始阶段。这一阶段的主要工作是对有意向参加方案征集的规划设计机构进行资格审查，通过评审确定参加征集的应征人。资格预审阶段主要包括以下程序和工作：

（1）在相关的媒体发布征集公告（资格预审公告）；

（2）接受应征报名；

（3）按照征集公告规定的时间、方式方法（网上下载、现场领取）发出/领取资格预审文件；

（4）应征申请人准备资格预审申请文件；

（5）组建资格审查委员会；

（6）资格审查委员会按照资格预审文件规定的审查方法、审查因素和标准，审查应征申请人的应征资格，确定通过资格预审的申请人名单，向主办单位提交书面资格审查或评审结果报告；

（7）主办单位确认应征人资格评审结果，向通过资格预审的申请人发出征集邀请，向未通过资格预审的申请人告知其资格审查结果。

（一）发布征集公告

发布的征集公告是征集活动启动的里程碑。征集公告（资格预审公告）发布的媒介可参照原国家计委（计政策〔2000〕868号）《关于指定发布依法必须招标项目招标公告的媒介的通知》执行，《中国日报》、《中国经济导报》、《中国建设报》和《中国采购与招标网》可以作为发布征集公告的媒介。征集公告至少应在上述一家指定的媒介上发布，在指定的报纸上发布征集公告的同时应将公告的全文抄送指定的网络。

> **提示**
>
> 对于影响力大的城市重点地区规划设计方案国际征集项目应考虑同时在全球发行量最大、被国外媒体转载率最高的国家级对外媒体上发布公告，以便境外的规划设计机构能及时看到征集的消息，报名参加规划征集。比如，北京奥林匹克公园规划征集、北京五棵松文化体育中心规划方

案征集、北京奥林匹克公园森林公园及中心区景观规划设计方案征集等项目都在国内发行量最大的英文媒体《中国日报》上发布了征集公告，公告发布后在全球引起了广泛的响应，每个征集项目的报名机构都超过了100家。

另外，还可以利用中国建筑学会（Architectural Society of China）、中国城市规划学会（Urban Planning Society of China）、国际建筑师协会（UIA）、国际城市与区域规划师学会（ISOCARP）等规划建筑专业机构的网站发布征集公告，让全球的规划设计机构能够及时得到征集的信息。

（二）接受应征报名

征集公告发出后，有意向的规划设计机构可以到主办单位或代理机构办公室，也可以通过电话、E-mail了解征集的情况，填写应征报名登记表，办理应征报名手续，领取资格预审文件或获取资格预审文件的下载密码。主办单位或征集代理机构要派专人负责接待应征报名，所派的人员要熟悉征集工作的组织程序、征集公告和资格预审文件等相关的文件内容。由于大部分的规划设计机构都是通过电话来询问征集的相关情况，因此负责应征接待的人员还要熟悉电话接待的礼仪。

同时要做好报名登记工作，设置好简捷、明了的应征申请报名登记表，报名登记表应包括公司注册名称、国别、公司注册地址、公司成立日期、本项目联系人及规划/设计资格的种类/级别等信息。

提示
针对规划设计方案的国际征集，负责应征报名接待的工作人员除需具有良好的专业素质外，还要有一定的英语口头表达能力，懂得基本的外事交往礼仪。

（三）对应征申请人进行资格评审

选择合适的规划设计机构参加方案征集，是确保方案征集的质量和提高总体水平的关键。为保证规划设计工作的顺利进行，征集到最佳的规划设计方案，应在同一经费标准下尽可能选择具有良好声誉和类似的规划经验的机构。为保证能够选择到合适的规划设计机构，应做好以下几个方面的工作。

1. 全面考察规划设计机构的有关情况

对规划设计机构进行全面考察，是科学选择规划设计机构的基础性工作。一般情况下，对国内规划设计机构的情况了解起来相对比较容易，而对国外规划设计机构的了解就比较困难。为了能够了解国外规划设计机构的情况，通常可以通过互联网查阅有关材料，在国外规划或建筑协会的官方网站查阅有关的介绍资料，了解国外规划或建筑设计的相关管理规定，查阅相关的规划设计机构的基本情况。同时可以通过征集代理机构收集那些曾经在国内参加过规划设计方案征集/竞赛或建筑设计投标的国外规划设计机构的情况，如规划设计资质、企业基本情况、业务领域、主要业绩、著名规划设计案例、在中国完成的规划设计、在方案征集或投标中的表现情况等。

在组织规划方案征集时，还可以通过与国外规划设计机构所在国的使领馆商务处或所在国的规划协会、建筑协会联系，请他们帮助推荐和联系具有与拟征集项目相类似经验的、合适的规划设计机构前来参加资格预审。

2. 资格评审

资格评审主要是考查申请参加方案征集的规划设计机构是否具备资格参加征集，并对其资格、资历与信誉进行综合评价。

1）资格评审原则

资格评审重在考核规划设计机构承担拟征集项目规划设计任务的能力。评审工作要本着公平、公正、科学、择优的原则进行。采用相同的程序、标准和方法，对应征申请人的资格申请文件进行评审、比较。每位评委应独立地进行评判，任何人包括评委都不得以任何方式干扰评审委员会的评审。

2）资格评审要素

对规划设计机构进行资格评审，应按照征集资格预审文件中规定的评审要素进行评审，评审的要素一般包括：资格、能力和经验等。

（1）资格。资格评审是指对规划设计机构具有的规划设计资质等级或资格是否与应征项目的资质/资格要求相适宜的评审。评审的内容包括资质或资格证书的种类、证书的级别、证书允许承接规划设计工作的范围等。

（2）资历与信誉。资历与信誉评审是规划设计机构资格评审的重点，包括了对企业和对规划设计团队的评审，对规划设计团队的评审重在评价规划设计人员的专业资历。对于规划设计项目来说，人的因素是十分重要的，因此规划设计团队的评价应给予较高的权重。

（3）企业能力。能力评审主要是对规划设计机构的综合技术力量、人力资源的评审。

（4）经验。经验评审主要评审规划设计机构，尤其是规划设计机构拟派规划设计团队是否完成过与方案征集项目在规划区功能、定位、区域环境特征及自然条件上相类似的规划设计工作。规划征集的目的是为了集思广益，借助外脑广泛寻求先进的规划理念和方案，因此规划机构和规划设计团队的人员是否具有相类似的规划经验十分重要。

（5）社会信誉。主要包括对规划设计机构的资信状况、近几年的仲裁和诉讼情况以及以往承担规划设计任务的合同履约情况等进行评审。

（6）获奖情况考查。对规划设计机构本身及其规划设计团队的设计人员在国际或国内获得的城市规划、建筑设计等奖项情况的考查，这方面情况可以反映规划机构的创新精神和创造能力，也是规划设计机构综合实力的体现。

3）资格评审会议组织

（1）选取和确定资格评审的专家。资格评审通常会邀请国内资深的规划设计专家与主办单位的代表组成的评审委员会来完成，专家可从城乡规划主管部门的资深专家库中选取。

（2）组织资格评审会议。资格评审会的主要工作内容可参见本章第三节一、（五）"应征申请人资格评审会会议日程"样式，如果是邀请征集则需组织与潜在应征人的见面会。

鉴于规划设计方案征集的资格预审由主办单位自行组织，为了保证公平、公正，完善监督，可聘请纪检监察部门的人员对评审过程进行监督。对影响力大的项目，可聘请公证机构对评审过程和评审程序进行公证。

（3）按既定的资格评审方法和程序进行评审，资格评审的方法既要简捷、便于操作，又要科学合理。评审的程序通常包括初步审核和详细评审。初步审核为符合性审核和必要合格条件的审核，通过初步审核的应征申请人可进入详细评审。对于规划设计方案征集来说，详细评审可采用投票法和综合评分法，投票法按是否记名可分为不记名投票、记名投票，以下举例说明记名投票多轮淘汰的评审办法。

举例

评审委员会对通过了初步审查的申请人进行详细评审。详细评审采用记名投票分段淘汰制的方式进行，通过四轮投票淘汰筛选确定7个应征人。具体办法如下：

1. 投票程序

（1）第一轮投票，评委对通过了初步审查的申请人通过记名投票的方式进行淘汰，未被淘汰的10个申请人进入第二轮的评选。

（2）第二轮投票，评委通过记名投票的方式淘汰1个申请人，未被淘汰的9个申请人进入第三轮的评选。

（3）第三轮投票，评委通过记名投票的方式淘汰1个申请人，未被淘汰的8个申请人进入第四轮的评选。

（4）第四轮投票，评委通过记名投票的方式淘汰1个申请人，剩余的7个应征申请人为应征人。

2. 投票规则

（1）在每轮投票中每个评委只能递交一张选票，每张选票的权重相等；

（2）评委互相查验所填的选票，确定其是否有效；

（3）每轮投票后，评委在评审委员会主席的主持下进行计票，并填写在得票统计结果记录表中；

（4）以自然多数的统计原则，根据淘汰票得票的数量由多到少进行排序，淘汰本轮投票中得票数量多的申请人。当得票出现并列，且使得被淘汰的申请人的数量超过了规定的数目，评委应对得票数量并列的申请人再次投票，直至淘汰掉规定数目的申请人；

（5）全体评委在每轮的得票统计结果记录表上签字，确认投票结果；

（6）被淘汰的申请人不再参加下一轮的评审投票。

（4）评审纪律。参加资格评审工作的评委及所有工作人员都应遵循评审会工作纪律，以下举例说明评审纪律的主要内容：

A. 评委应以专家的个人身份参加评审工作，不允许与应征人有任何利害关系；

B. 评委应秉承客观、公平、公正的原则对应征人的资格情况进行独立的评判和表决；

C. 评委应按照资格预审文件规定的评选方法进行评审；

D. 在评审过程中以及评审结束后，评委及所有工作人员对评审程序、评审办法、评审结果及具体内容等应严格保密，不得向应征申请人或与评审无关的其他单位或个人泄露；

E. 供评审用的所有资料和文件由专人管理，评审过程中应使用评审专用的表格和纸张，评审结束后任何文件、资料、记录、工作底稿等均不得带出会场。

F. 未经主办单位许可，在本项目征集结果公布之前，任何人不得向媒体泄露评审工作内容，也不得接受任何媒体对有关评审事宜的采访。

> **提示**
>
> 在资格评审过程中，应特别注意防止"枪手"。当前国内规划设计市场正在逐步对外开放，秩序和规则还没有完全建立。由于当前中国城市发展速度快，建设量大，规划设计市场需求猛增，而国外城市建设日趋平稳，许多国外规划设计机构都瞄准了中国内地市场。这些规划设计机构鱼龙混杂，水平参差不齐。有些人打着国外机构的名号，骗取项目。有些所谓的国外设计公司，不过是几个年轻的学生在操作，更有甚者，为了骗取征集主办单位的信任，还请一两个"外籍人士"冒充建筑的专家。由于没有真正的实力，这些公司都以骗取基本保底酬金为目的，敷衍主办单位，所以主办单位要进行必要的调查和甄别。
>
> 在实践中，我们通过互联网、专家咨询等多渠道主动收集规划设计机构信息资料，对其资质、设计实力、专业特长等进行全面了解，建立境外规划设计机构档案资料库。并针对不同性质的项目，选择具有相应特长的规划设计机构，做到有的放矢。同时为保证规划设计水准，我们对规划设计机构的主要设计人员实行重点考查和过程跟踪管理，了解其专业技术背景，强调其在整个项目设计中必须亲临现场，了解状况，中期交流，汇报设计方案。

（四）资格评审结果的确认

资格评审委员会的评审结果应报主办单位审批，主办单位确认应征人名单。

（五）应征邀请及应征确认

1. 应征邀请

采用公开征集的项目，主办单位根据资格评审委员会提交的资格评审结果，向通过资格预审的应征人发出应征邀请函。

如果采用邀请征集的方式，主办单位则向特定的规划设计机构发出征集邀请函，邀请他们参加征集。

应征邀请函的内容主要包括：项目概况（项目名称、位置、规模、征集联系方式）征集活动时间安排、应征确认及应征保证金、现场踏勘及项目情况介绍会安排、应征设计酬金与优胜奖金的设置及支付、适用的法律、语言、知识产权的规定等内容。

2. 应征确认

应征人收到应征邀请函后，回函确认是否接受应征邀请。

三、征集阶段

征集阶段是指包括办理征集文件领发手续，签订保密协议，组织现场踏勘和项目情况介绍会，设计情况中期交流等活动在内的过程。征集阶段是整个征集过程的重要阶段，只有完成征集阶段的各项工作，才能征集到符合项目要求的设计方案。征集阶段的主要程序和工作包括以下几个方面：

（一）签订保密协议

应征规划设计机构接受应征邀请后，应签署保密承诺或与主办单位签订保密协议。应征规划设计机构应保证严守主办单位所提供的规划设计文件和图纸等资料的秘密，本着谨慎、诚实的态度，采取所有预防措施保护该等资料以防止其被泄密，不对主办单位所提供的规划设计文件和图纸等资料进行复制和扩散，并保证在完成本次征集的规划设计工作后将涉密的图纸和资料交还主办单位。

（二）发放征集文件

征集文件只发给通过了资格预审的应征人（或联合体应征人）。办理征集文件和相关图纸、规划资料的发放手续时要一一列明资料和每张图纸的名称，电子文件的发放要以不可改写的数字光盘的形式发出。

（三）组织现场踏勘和项目情况介绍会

征集文件发出后，应召开项目情况介绍会，向应征规划设计机构介绍项目建设的背景、征集组织情况等，并组织应征规划设计机构踏勘现场。组织现场踏勘的目的是使应征规划设计机构了解用地范围内及周边环境的情况，对项目和建设现场有更为充分的认识。在项目情况介绍会上，主办单位应向应征规划设计机构介绍征集的有关背景情况，解释应征须知，详细解读设计任务书的主要要求。与此同时，解释规划设计机构在勘察现场时提出的有关基地的问题。帮助规划设计机构尽快进入角色，建立对设计任务的初步理解。当日在现场无法解答的问题可以记录下来，会后尽快以书面澄清文件的形式发给应征规划设计机构。

（四）组织征集答疑

应征人在获得征集文件后，可能对应征须知和设计任务书的内容提出问题要求解答。主办单位要尽力做好解答工作以帮助规划设计机构更透明地了解规划要求，熟悉和理解规划条件。规划设计机构的疑问应该以书面的形式提出。主办单位对收到的提问应以书面的形式予以答复，并通过传真或电子邮件的方式传递给所有应征人。如果确有必要也可召开答疑会议，请相关部门的专业人员到场作专题讲解和交流。

（五）组织设计情况阶段性汇报（1～2次）

方案征集工作的成功组织不仅可以促进重点功能区的经济发展，同时也能带动了周边地区的良性发展。设计情况阶段性汇报的目的是为了了解应征规划设计机构的工作进度和技术路线，帮助规划设计机构进一步了解规划目标和项目功能需求，对参加规划设计的单位进行积极引导和正确指导，使得规划设计方案不偏离规划要求，但又不乏创造性和启发性，同时也可避免最终的规划设计成果与主办单位的规划目标和项目功能需求出现重大的偏差。主办单位在提供给应征规划设计机构指定地块相关技术材料后，还应尽量向各规划设计机构提供该地区整体规划发展要求，通过规划设计手段实现该地区整体发展和区域平衡发展。同时，主办单位也应向规划设计机构提供必要的政策性引导，努力使各规划设计方案成为政策和技术双优的方案。

为了提高设计情况阶段性汇报的效率，最好要求项目的主要规划设计人员进行汇报。在设计情况阶段性汇报中，主办单位只把握大的方向，不要过多地加入主办单位的设计构思和方法，避免引导过多导致设计方案雷同或近似，失去多方案比选的意义。

四、递交/接收应征文件

递交/接收应征文件，是指应征人按照征集文件规定的时间和地点提交应征文件，接收人按照规定的程序接收应征文件的活动和过程。届时，征集代理机构和有关监督部门将进行查验和点收。另外，针对重大项目还会聘请公证机构对应征文件接收的全过程进行公证（包括接收的时间、接收文件的数量、接收文件的密封情况、签章情况等）。在接收应征文件时，应该进行查验和点收。

查验的具体内容包括：应征文件是否密封，提交的应征文件在数量上或形式上是否符合征集文件的要求，电子文件是否可读，展板和模型是否完好。

点收的具体内容包括：提交的应征文件在数量上是否符合征集文件的规定。

方案接收阶段的主要工作内容和各参与方的责任分工参见本章第三节二、（四）、1."应征文件接收——工作内容及工作分工表"样式。

五、应征设计方案的评审

由于规划设计方案不同于建筑设计方案，其内容具有综合性、复杂性、长期性、战略性和非直观性等特点，规划方案的评审是为了最终实现规划征集集思广益和科学择优的目的，评审的过程在某种意义上来看也是规划的编制研究过程和决策过程，因此，研究的制定科学和理性的评审程序和方法十分重要。

在规划征集的实践中我们采用了技术初审和方案评审相结合的方案评价和遴选程序。

（一）应征规划设计方案技术初审

1. 应征规划设计方案技术初审的原则

应征规划设计方案技术的初审，应遵循以下基本原则：以征集文件为依据，客观、公正地核查应征设计方案是否在实质上响应并符合征集文件提出的规划设计要求和规划设计条件，编制内容和深度是否符合征集文件的规定。技术初审工作组的工作重在客观地核查而非评判。技术初审报告是依据设计任务书的要求对应征规划设计方案的响应性所作的核查情况的记录。技术初审工作组的初审意见可供主办单位及评审委员会专家参考，不具有对优胜设计方案的投票表决权。

2. 技术初审工作组的人员组成

根据项目功能特性和规划设计任务要求组织技术初审工作组。技术初审工作组由规划师、建筑师、城市战略规划、地产策划专家、相关专业的工程师、主办单位代表以及征集代理机构代表等人员组成。如果在征集中聘请了规划专业机构负责征集的技术支持，技术初审的人员可由上述机构的人员组成。

3. 技术初审的内容

1）应征规划设计文件的有效性检查与核实

如果采用"暗标"评审，应检查应征A3版面设计文册副本、展板、模型、电子文件中是否出现应征人的名称和其他可识别应征人身份的字符和徽标及其他信息。

2）应征规划设计文件的合格性检查

检查应征规划设计文件的形式和数量是否符合征集文件的要求，核查著作权声明的内容是否符合征集文件中有关知识产权的规定，应征人是否声明该应征人和/或其设计者是其所递交的应征设计方案的实际创作人。

3）应征规划设计文件的响应性检查

根据征集文件提出的规划设计条件、设计内容和设计深度要求，对照应征规划设计方案客观地逐一检查其响应程度。

4. 技术初步审核的工作流程

根据征集文件中的规划设计要求以及设计成果提交要求拟订规划设计方案技术初审工作底稿表

↓

技术初审工作小组的技术专家对技术初审工作底稿表进行讨论，并对相关的核查要素内容进行调整，形成最终的技术初审工作底稿表

↓

技术初审专家在工作底稿表中填写审核意见及初审综合意见

↓

技术初审稿汇总成册，作为技术初审工作小组的初步审核报告，提交应征设计方案评审委员会参考

> **提示**
>
> 　　进行技术初审前要根据征集文件的规划设计要求列出详细的审查项目、审查要素、审查因子和评价的指标或标准，比如规划条件（如建设容量、功能配比、规划和现状交通、基础地形地貌）、规划方案与城市现状及规划的基础设施（如城市主干道、次干道，轨道交通站点和站线，公共交通设施，各类市政设施、供电设施、电信设施……）的衔接关系、规划措施（如增加大面积水面，增加或迁移轨道交通站点或站线，城市主干道的改线）的可实施性、规划创新的技术风险、开发建设的可操作性（如建筑保留和拆迁计划）、规划技术措施的成本效益等等。
>
> 　　技术初审工作完成后，提供技术初审结果报告。技术初审报告不能作为方案评选的直接证据。

（二）优胜规划设计方案的评选

1. 评审委员会

　　评审委员会的组建应考虑项目的规模和特性，人员的数量通常是9人左右的单数。专家的专业应根据征集的规划设计内容来确定，通常应有战略规划、城市规划、城市设计、建筑设计、交通等方面的专家。

> **提示**
>
> 　　评审专家最好能在评审前一个月确定下来，专家确定后要及时地将征集的相关资料送交专家，这样可以使专家有充分的时间熟悉征集的规划背景、规划目标、规划条件、规划设计要求以及规划的基础性资料并对其进行研究，避免出现专家在评审时对项目情况一无所知的尴尬局面，而影响方案评审的质量。

2. 应征设计方案评审方法

　　评审专家应依据征集规划设计任务书和"应征设计方案的评审原则和评审办法"，对应征设计方案从系统目标（包括社会、经济、人口、产业、城市空间、生态环境、历史文化）、创意构思、空间结构、人流组织、空间形态、景观意向、交通组织、生态系统、防灾安全、标志性等方面（具体内容

根据项目而定），进行综合的比较和评判，并写出各自的评价和评判意见。最终以记名投票或综合评分的方式对应征规划方案进行评选表决，选出优胜规划方案。

> **提示**
> 为了客观公正的评审，应征设计方案的评审通常采用"暗标"评审的方式进行，因此要求应征设计方案成果中的设计文册副本、展板、模型、电子文件无论是封面还是文件本身，均不能具名或带有任何可辨认应征人身份的标志。

举例，某城市规划的评审议程：

（1）评审预备会。

（2）踏勘现场。

（3）应征人介绍规划方案。

> **提示**
> 是否请应征规划设计机构到评审现场向评审委员会介绍规划方案要根据项目的具体情况确定。如需要进行方案介绍，介绍的顺序应由应征人抽签决定，但在介绍方案时要注意与暗标评审原则的符合性。

（4）评审委员会可以要求应征规划设计机构对应征规划设计文件中含义不明确的内容作必要的澄清或说明，但是澄清或说明不得超出应征文件的范围或改变应征文件的实质性内容。

（5）全体评委在评委会主席的主持下，根据统一的评审标准和评审办法对各应征设计方案进行评审。

（6）评审委员会委员对应征设计方案进行分析、研究、讨论，大家可以畅所欲言，独立发表自己的意见，但不应引导其他专家或影响其他专家的评判。

（7）评审委员会委员在充分讨论的基础上，以投票（记名或无记名）的方式选出优胜设计方案。

（8）评审委员会将对应征设计方案的评审意见和评审结果编写成评审报告，经全体成员签字后，送交业主/主办方。

（9）提出综合深化的意见和建议。

（10）评审工作结束，评审委员会解散。

3. 评审会议的日程安排

举例：评审日程安排参见本章第三节二、（四）.4的附件"应征规划设计方案评审会议议程安排"样式。

> **提示**
> 在评审日程安排时要考虑给评委充分的时间进行踏勘现场和研究规划方案。

4. 评委的回避

当评委与应征规划设计机构具有利益关系，可能影响公平公正评审的，应当回避，重新确定评委。

5. 无效应征设计方案的确定

在评审过程中，当应征规划设计方案出现下列情形之一的，通常会被判作无效的应征规划设计方案。

（1）不符合征集文件规划设计要求的；

（2）设计成果的形式和编制程度基本上不符合征集文件要求的；

（3）应征规划设计方案抄袭他人成果或构成对他人知识产权（包括但不限于著作权、专利权）、专有技术、商业秘密的侵犯，或与已有的项目雷同的；

（4）应征人有弄虚作假的。

方案评审阶段的主要工作内容和责任分工参见本章第三节二、（四）.3"应征规划设计方案评审——工作内容及工作分工表"样式。

六、组织规划设计合同的谈判和签订（如需要）

如果主办单位希望委托获得优胜规划方案奖的规划设计机构进行方案综合和方案优化调整或者委托其配合原控规编制单位进行后续的规划编制，应与其进行规划设计合同的谈判，主办单位应设立专门的合同谈判小组，负责合同的谈判工作。评审委员会完成评审后，谈判组将根据评审委员会提出的书面报告，通过与获得优胜规划设计方案奖的规划设计机构（或联合体）谈判，确定项目实施规划设计机构并签订规划设计合同。

合同谈判前要准备好合同草本，选择合适的谈判时间和地点，并要制订一个安排讨论各项内容次序的议程表。

七、应征补偿金及奖金的支付

应征补偿金是主办单位支付给应征人的一笔补偿性费用，是对其参加征集活动并向主办单位提交有效应征规划设计方案的补偿。规划设计方案优胜奖奖金是对获奖的应征人所支付的除应征补偿金以外的奖励费用。主办单位需与应征人签订酬金及奖金支付协议，支付协议可以在征集活动开始时签订，也可以在应征人递交设计成果后签订，支付费用时规划设计机构应向主办单位提交发票。

如果需要向境外的规划设计机构支付外汇，应在征集文件中明确规定可支付的外币的种类以及汇率确定的方式方法。应要求境外的规划设计机构提供一些相关的证明，如提供服务地点的证明、发票、外汇支付合同等，主办单位负责办理付款手续，代扣代缴在中国境内应交付的各种税费。

> **提示**
>
> 如果必须支付人民币，允许境外公司可委托境内有进出口经营资格的公司作为人民币代收付单位，与代收付单位签订代为收付费用的协议。

八、方案综合

征集结束后要进行方案综合和深化、优化。但规划设计方案的综合并不是那么简单，它是一个再创造的整合、提升过程。由于规划设计方案征集研究的时间有限，每个应征人的专业经验和文化背景各异，即使是优胜方案，也难免在技术环节上、与周围空间关系的处理上存在一些的问题，不能直接作为一个完全可操作的实施方案。在方案综合的过程中，还要进一步协调各利益相关方的关系，有时一些技术细节的落实或开发建设时序的调整、开发模式的变化都会影响原方案的实施，这就需要进一步协调和再创造。通常情况下，规划设计方案的综合，可以以优胜方案为基础，根据专家的评审意见，汲取其他方案的优点，综合各相关部门和单位的意见进行综合，这样规划方案才有可能落实，并具一定的可操作性。

九、项目总结

项目总结是指在征集结束后，编制项目总结报告并将相关的文件进行整理、编目、立卷存档的活动。在进行项目总结时，项目相关文件应齐全，编目应清晰科学，便于查阅和保存。

第三节

规划设计方案征集实用工作文件及工作表格

一、资格预审阶段用表

（一）应征报名表

序号	项目和内容	
1	公司注册名称	
	国别	
	法定代表人	
	公司注册地址	
	公司成立日期	
	电话	
	传真	
	电子邮箱/网址（如果有）	

序号	项目和内容	
2	本项目联系人：	
	a. 姓名	
	b. 职务	
	c. 电话（包括移动电话）	
	d. 传真	
	e. 电子邮箱	
	f. 通讯地址及邮政编码	
3	法人性质：有限责任公司/合伙人/其他	
4	商业登记/营业执照：	
	a. 登记证编号	
	b. 登记证日期	
	c. 登记地	
5	规划/设计资质/资格和资质的种类/级别	
6	人力资源：设计人员总数：____名， 其中注册规划师____名，注册建筑师____名	

此表要求规划设计机构在应征报名时填写，以使主办单位对应征申请人有一个初步的了解，并能在公告和资格预审期间与其及时取得联系。

（二）应征报名情况统计表

序号	报名时间	应征申请人名称	国别	联系人	联系电话 传真	E-mail

（三）递交资格预审申请文件登记表

序号	递交日期	应征申请人名称	文件数量	递交方式 （邮寄/专人递交）	接收人	备注 （包装、密封情况）

（四）应征申请人相关业绩及设计团队情况汇总表

一	应征申请人编号	
	应征申请人名称	
	国家	
	规划/设计资格的种类/级别	
	注册规划师＿＿名 注册建筑师＿＿名	
二	相关城市功能区的城市规划设计经验介绍（包括项目名称、建设地点、建设规模及申请人所承担的规划设计内容等）	
三	与国内规划、设计机构的合作经验（包括合作单位名称、合作项目名称及所承担的设计工作内容）——如果是境外规划设计机构	
四	拟投入本项目的规划师、建筑师及其他规划设计人员的资历介绍，包括姓名、学历、执业资格、从事规划/设计的时间、与本项目相类似的设计经验，国内或国际城市规划、建筑设计奖项的获得情况（不含规划设计竞赛的奖项）	
五	拟聘专业顾问机构或顾问人员的情况（顾问内容、顾问机构的名称、顾问机构的相关经验）	

注：1. 在具体项目中要对"相关规划设计经验"给予定义或说明；
　　2. 根据项目情况要求应征人投入各类专业的人员。

（五）应征申请人资格评审会会议日程

举例

一、评审预备会

● 主持人宣布资格评审会议开始；

● 主持人介绍评委、嘉宾；

● 主办单位相关领导致辞；

● 主办单位介绍项目概况、项目背景、征集目的和规划设计任务；

● 征集代理机构介绍征集组织工作情况；

● 主持人介绍评审工作日程；

● 宣布评审纪律；

● 评委推选资格评审委员会主任；

● 审议通过资格评审办法。

二、评委审阅资格预审申请文件

三、评委按审议通过的资格评审办法进行投票，选出入选的应征人

四、起草并签署评审报告

资格评审会结束

每项议程时间的长短要根据应征申请人的数量和项目的功能特征来确定。

（六）资格预审结果通知

举例

贵申请人递交的 ___（项目名称）___ 资格申请文件已提交本次规划设计方案征集资格预审评审委员会审查。在此非常遗憾地通知您，根据评审委员会的评审结果，您没有能够入选成为本次方案征集的应征人。对此，我们感到非常遗憾。

感谢您对本项目的关注和积极参与。

主办单位名称

年 月 日

二、征集阶段

（一）应征邀请函

举例

致：_____

根据××城市规划设计方案征集资格评审委员会的评审结果，现正式通知贵方已通过资格预审并入选成为本次规划方案征集的应征人。现将本次规划设计方案征集的相关规定和要求发给贵方，以便贵方能及时确定是否参加本次征集活动。望贵方在收到此邀请函后在××××年×月×日17：00之前，将应征确认函或拒绝邀请的函件传真至以下联系号码，并随后将确认函正本文件递交到本项目的征集代理机构：（代理机构名称）。

地　　址：

邮政编码：

电　　话：

传　　真：

联 系 人：

顺颂

商祺！

主办单位：（主办单位名称）

年 月 日

另外：无论您是否接受我们的邀请，请在您收到此邀请函后，尽速用传真的方式告知我们您已收到此份文件。

随附："征集活动的相关规定和要求"

举例

征集活动的相关规定和要求

1. 项目概况

项目概况通常应包括项目名称、项目位置、用地规模、研究范围和设计任务。

2. 时间安排

在此要向应征人告知主要的时间节点，如设计周期，领取征集文件、现场踏勘及项目情况介绍会的时间，递交应征文件的截止时间和征集结果公告的时间。

3. 应征保证金

在此要向应征人明示应交纳应征保证金的数额以及退还或扣留的情况。举例：

应征人应交纳应征保证金＿＿＿万元人民币，上述保证金将于评审结果公布后15个日历天内由征集代理机构无息退还给各递交了有效应征文件的应征人。

应征人有以下行为之一的，其保证金不予退还

● 应征人未在规定的时间内递交有效的应征文件；

● 应征人在递交应征文件后，要求撤回或撤销其递交的应征文件。

4. 应征设计成果的形式及数量

在此要向应征人说明应征设计成果的形式及数量，以便应征人对是否参加应征做出判断。如A3版面设计文册应包含的内容和文册数量，应征设计展板的规格和数量，规划模型的个数和比例，电子文件尤其是多媒体演示文件的演示时间以及是否包含三维动画，是否提交电子模型（如3ds Max格式）文件等。

5. 应征酬金与奖金

5.1 应征酬金

告知应征人主办单位将向递交了有效应征方案的应征人支付酬金的数额，是否含税以及可支付货币的种类。

5.2 奖项和奖金

应告知应征人奖项设置情况和奖金数额，奖项可以分级设置，也可以不分级设置。

6. 征集后续工作

如某项目对征集后续工作说明："主办单位会将本项目规划编制和城市设计的部分工作委托给获优胜奖的应征人，如果被授予全部或部分城市规划或城市设计合同，其所收到的全部或部分设计酬金和奖金将从其规划设计合同之第一期设计付款中予以扣除"。

7. 不被接受的应征文件及取消应征资格

应明确在什么情况下应征人所递交的应征文件会被拒绝或被判定为无效。

举例：

有以下情况之一者，主办单位有权取消应征人的应征资格：

● 迟于应征文件递交截止时间递交应征文件；

● 应征人未按本须知之规定签署应征文件；

● 应征文件未按规定格式填写，图文和字迹模糊、辨认不清、内容不全或粗制滥造；

● 著作权声明的内容不符合征集文件中有关知识产权的规定，或未加盖应征人的单位印章，或没有设计者本人的签字；

● 应征设计文件的形式、数量、设计内容和深度基本上不满足征集文件的要求；

● 评审委员会判定应征规划设计方案实质上不符合规划设计要求；

● 应征规划设计方案抄袭他人成果或构成对他人知识产权（包括但不限于著作权、专利权）或专有技术或商业秘密的侵犯或与已有的项目雷同；

● 应征人在应征设计文件副本、展板和电子文件中明示或暗示应征人之身份；

● 应征人或其成员在应征文件的审查、澄清、评价、比较和推选过程中，有不正当地对主办单位施加影响，或不正当地影响评审委员会正常评审工作的行为；

● 应征人存在欺诈行为。

8. 应征规划设计方案的知识产权

在此部分应明确征集文件和应征规划设计方案的知识产权的归属。

举例，某征集项目对知识产权约定如下：

● 应征人在规划设计方案征集中递交的所有文件均不退回。

● 应征人对应征设计方案享有署名权，经主办单位书面同意后，可通过传播媒介、专业杂志、书刊或其他形式评价、展示其应征作品。

● 应征人应保证应征人准备或递交的全部规划设计文件在中国境内或境外没有且不会侵犯任何其他人的知识产权（包括但不限于著作权、商标权、专利权）或专有技术。应征人应保证，如果其应征规划设计文件使用或包含任何其他人的知识产权或专有技术，应征人已经获得相关权利人合法、有效、充分的授权。应征人因侵犯他人知识产权或专有技术所引起的全部赔偿责任应由应征人承担。

● 应征人应将与规划设计方案有关的知识产权的使用权转让给主办单位。

● 主办单位享有对应征规划设计方案知识产权的使用权。

● 主办单位可对应征方案印刷、出版和展览，还可通过传播媒介、专业杂志、书刊或其他形式评价、展示、宣传应征作品。

● 主办单位以及应征人均不得将应征规划设计方案用于征集项目以外的其他任何项目。

（二）保密协议

在规划设计方案征集过程中，主办单位为满足应征人的规划设计需要，需向其提供规划设计图纸等设计基础资料。应征规划设计机构接受应征邀请后，应签署保密承诺或与主办单位签订保密协议。

保密协议（参考样式）

甲方：_____

乙方：_____

鉴于乙方作为_____规划设计方案征集应征人，为完成征集规划设计任务需从甲方处获取相关的规划设计文件及图纸等资料；甲方为使乙方能够顺利完成征集规划设计工作需向乙方提供规划设计文件及图纸等资料；双方就乙方在获取相关的规划设计文件及图纸后须保守秘密的有关事项，签订下列条款共同遵守。

一、保密范围

乙方在_____规划设计方案征集过程中获取的征集文件（包括征集文件的各个组成部分）、资料、图纸以及在征集过程中了解到的有关信息和情况负有保密责任和义务，乙方愿意承担因乙方、乙方人员（包括但不限于股东、董事、管理人员、财务、技术、业务等任何人员）及为乙方服务的任何单位、人员的泄密行为（无论泄密行为是故意所为还是疏忽所为）而引起的一切法律和经济责任。

如乙方、乙方人员以及为乙方服务的单位、人员泄密，甲方有权追究乙方及乙方人员和为乙方服务的单位、人员的法律责任，给甲方造成损失的，乙方应当予以赔偿。

二、乙方的保密义务

对第一条所称的文件、资料、图纸及有关信息，乙方承担如下保密义务：

1. 乙方保证严守甲方所提供的规划设计文件和图纸等资料的机密，本着谨慎、诚实的态度，采取所有预防措施保护该等资料以防止其被泄密，不对甲方所提供的规划设计文件和图纸等资料进行复制和扩散，并保证在完成本次征集的规划设计工作后将涉密的图纸和资料交还甲方。

2. 不得刺探或者以其他不正当手段获取与该项目工作无关的其他信息。

3. 任何时候，只要收到甲方的书面要求，乙方应立即将从甲方处得到的全部规划资料、图纸或上述图纸资料的复印件以及包含上述规划资料和图纸的电子媒介（光盘等）归还给甲方。如果该资料属于不能归还的形式，或已经复制或转录到其他资料中，则应予以销毁或删除。乙方如发现甲方关于该项目的信息被泄露或者因自己过失泄露秘密，乙方应当采取有效措施防止泄密进一步扩大，并应及时向甲方报告。

三、_____规划设计方案征集文件（包括征集文件的各个组成部分）及所附的规划资料、图纸和在征集过程中获得的其他研究成果等文件和资料的知识产权属于甲方所有，对上述文件乙方仅用于编制应征规划设计方案之目的。未经甲方书面许可，乙方不应将上述文件用于其他目的，也不应将上述文件泄露给任何第三方。乙方应承担因乙方侵犯甲方及其他相关权利人的知识产权或泄密而引起的一切法律责任。

四、乙方承担保密义务的期限为无限期保密（即永久保密），直至甲方宣布解密。

五、本协议的修改必须采用双方同意的书面形式。

六、乙方除按本协议的规定保密、承担相关责任以外，还应当按照中国法律法规规定、北京市地方规定保密，承担相关责任。

七、本协议受甲方所在地法律管辖，双方同意如果由本协议引起或与本协议有关的争议，在双方协商解决不成的情况下，提交给甲方所在地符合级别管辖规定的人民法院审理。

八、双方确认，在签署本协议前已仔细审阅过协议的内容，并完全了解本协议各条款的法律含义。

甲方：_____

乙方：_____

签订日期：　　年　月　日

（三）规划设计方案征集酬金支付协议

1. 规划设计方案征集酬金支付协议（参考样式）

举例

甲方：_____

乙方：_____

按照《_____规划设计方案征集文件》（以下简称"征集文件"）的规定，经本次征集规划设计方案评审委员会评审，乙方递交的"_____规划设计方案征集——应征文件"为有效应征文件，经双方友好协商，就_____征集的酬金支付事宜签订本协议。

一、酬金的数额

根据征集文件的规定甲方应支付给乙方的酬金数额为___万元人民币（含税），此笔酬金是甲方对乙方参加征集活动，准备并递交应征规划设计方案的补偿费用，是对乙方因参与本次应征活动所发生的全部的成本、费用、支出的补偿。

二、酬金的支付

1. 本征集项目的酬金仅以人民币支付。

2. 甲方不承担乙方由于获得酬金所产生的任何税费，因本协议项下酬金所发生的或与此有关的中国境内及境外的税费，由乙方承担。

3. 酬金的支付时间：自本协议签订后____天内，甲方向乙方支付全部酬金。如乙方为境外合法注册的法人实体，则应向甲方提供境内的收受账户。

三、本协议未尽事宜，双方友好协商解决。

四、本协议一式两份，甲乙双方各执一份。

五、本协议适用中华人民共和国法律，因本协议发生的或与本协议有关的争议应向_____人民法院提起诉讼。

六、本协议自甲乙双方签字盖章之日起生效。

甲方：_____（签字盖章）　　年　月　日

乙方：_____（签字盖章）　　年　月　日

2. 规划设计方案征集酬金和奖金支付协议（参考样式）

举例

甲方：_____

乙方：_____

按照《_____规划设计方案征集文件》（以下简称"征集文件"）的规定，经本次征集规划设计方案评审委员会评审，乙方递交的"_____规划设计方案征集——应征文件"为有效应征文件，并被评选为优胜方案，经双方友好协商，就_____征集的酬金和奖金支付事宜签订本协议。

一、酬金及奖金的数额

根据征集文件的规定，甲方应支付给乙方的酬金数额为_____万元人民币（含税），此笔酬金是甲方对乙方参加本次征集活动，准备并递交应征方案的补偿费用，是对乙方因参与本次应征活动所发生的全部成本、费用、支出的补偿。

甲方应支付给乙方的奖金数额为_____万元人民币（含税），本条所约定的奖金是甲方对乙方所递交的规划设计方案获得优胜奖所支付的除酬金以外的奖励费用。

二、酬金及奖金的支付

酬金及奖金仅以人民币支付。

甲方不承担乙方由于获得酬金及奖金所产生的任何税费，因本协议项下酬金及奖金所发生的或与此有关的中国境内及境外的税费，由乙方承担。

酬金及奖金的支付时间：自本协议签订后＿＿＿天内，甲方向乙方支付全部酬金及奖金。如乙方为境外合法注册的法人实体，则应向甲方提供境内的收受账户。

三、特别约定

乙方如果被确定为＿＿＿＿＿＿项目的城市规划或城市设计的规划设计单位，在甲方与乙方签订＿＿＿＿＿＿项目的全部或部分的规划设计合同后，因本协议所收到的全部或部分设计酬金和奖金，甲方有权从其规划设计费中予以扣除。

四、本协议未尽事宜，双方友好协商解决。

五、本协议一式两份，甲乙双方各执一份。

六、本协议适用中华人民共和国法律，因本协议发生的或与本协议有关的争议应向＿＿＿＿＿＿＿＿＿＿＿＿＿＿人民法院提起诉讼。

七、本协议自甲乙双方签字盖章之日起生效。

甲方：＿（签字盖章）＿＿＿＿＿　　　乙方：＿（签字盖章）＿＿＿＿＿

　　　年　月　日　　　　　　　　　　　　　年　月　日

（四）征集阶段中的实用工作表格

1. 应征文件接收——工作内容及工作分工表

主办单位	工作内容	征集代理机构	其他
确定监督人员和见证人	接收应征文件5日前 确定应征文件接收人员：接收人、见证人、监督人员、其他工作人员	接收人：	
	接收应征文件5日前 准备接收文件用的各种记录表格（如签到表、接收表、展位抽签编号表等）		
联系人：	接收应征文件5日前 确定接收地点		
监督人员和见证人在递交应征文件之日到达递交/接受现场，在应征文件递交截止时间之前，对接受应征文件的全过程进行监督和见证（包括接收的时间，接收到文件的数量，密封情况、签章情况等）	递交截止时间：　　　年 月 日 接收应征文件	接收负责人： • 准备接收文件时使用的办公设备（电脑、打印机、文具等）、桌签、入场证件（胸卡） • 办理接收手续 • 文件点收、查验 • 填写接收记录	查验：应征文件是否密封，递交的应征文件在数量上或形式上是否符合征集文件的要求，电子文件是否可读，展板和模型是否完好
派专人负责摄影、拍照	接收应征文件当天 安排接收方案现场摄影、拍照等事项		除授权人外，其余人员均不得在接收现场拍照或录像

2. 技术初审——工作内容及工作分工表

主办单位	工作内容	征集代理机构	其他
确定技术初审专家名单与专家联系	技术初审工作开始前20天 参会人员确定和邀请 ●确定外请的技术初审的专家 ●确定主办单位参加技术初审的技术人员 ●工作人员（秘书组） ●业主其他人员	确定技术初审秘书组工作人员 与专家联系，专家确认参加后给专家发送征集任务书等相关资料	
审核确认技术初审工作细则和工作底稿表	技术初审工作开始前10天 技术初审工作文件准备 ●技术初审工作细则 ●技术初审会议议程 ●技术初审工作底稿表（包括审核内容和审核要素） ●准备技术初审用的各种工作表格（如工作底稿表、签到表等） ●征集文件 ●应征规划设计方案	●起草技术初审工作细则 ●草拟技术初审工作底稿表（包括审核内容和审核要素） ●准备技术初审用的各种工作表格（如工作底稿表、签到表等）	
●会议室租用 ●会议用餐 ●会议茶水 ●准备专家劳务费 ●车辆	技术初审工作开始前3天 会务准备 ●会议室租用 ●准备办公设备和办公用品 ●印制技术初审使用的各种表格，如签到表、工作底稿草表 ●会议桌签 ●会议订餐安排 ●会议茶水 ●初审专家劳务费 ●车辆	●准备办公设备和办公用品 ●印制技术初审使用的各种表格，如签到表、工作底稿草表 ●会议桌签 ●协助主办单位发放专家劳务费	
预备会 ●介绍项目背景情况 ●介绍征集目标、设计任务和要求	技术初审会议当天 （1）预备会 会议主持 ●介绍参会的专家 ●介绍项目背景情况 ●介绍征集目标、设计任务和要求 ●介绍工作日程 （2）技术初审工作组成员根据征集文件的要求对技术初审工作表进行调整，形成最终技术初审工作表 （3）技术初审工作组的成员审阅应征规划设计文件，填写技术初审工作表。 （4）技术初审工作组的成员审阅应征规划设计文件，填写技术初审工作表。 （5）技术初审合议 （6）技术初审工作组组长对各专业填写的技术初审工作表进行复审，并签字	（1）预备会 ●会议主持 ●介绍参会的专家 ●介绍工作日程 （2）协助专家调整初审的工作表 （3）进行有效性、合格性核查 （4）进行响应性核查 （5）组织初审合议 （6）汇总初审意见，形成最终的初审报告 （7）初审报告的排版印制	

3. 应征规划设计方案评审——工作内容及工作分工表

主办单位	工作内容	征集代理机构	其他
• 确定评审专家长名单和最终的评委名单 • 确认评审专家邀请函 • 确认会议日程安排 • 与专家联系 • 确定并邀请监督人员	评审工作开始前20天 参会人员确定和邀请 • 确定评审专家长名单 • 确定主办单位参加评审的专家 • 确定并邀请监督人员 • 秘书组工作人员 • 会务组工作人员邀请会议嘉宾	确定秘书组工作人员及职责： • 起草评审专家邀请函和会议日程安排 • 与专家联系，确认后给专家发送征集文件及征集的相关资料，以便专家提前研究项目的规划背景、规划条件和征集规划设计的目的和要求 • 向有关的专家发送评审专家邀请函和会议日程安排 • 确认专家的行程，是否安排接送	
审核确认评审工作细则和工作底稿表	评审工作开始前10天 评审工作文件准备 • 评审工作方案 • 评审会议议程 • 评审工作用表格 • 评审选票及统计表 • 评审结果报告的草稿 • 征集文件	负责人： • 起草评审工作细则 • 草拟评审工作底稿表（包括审核内容和审核要素） • 准备评审用的各种工作表格（如工作底稿表、签到表等） • 征集文件	
• 会议室租用 • 安排会议用餐 • 会议茶水 • 准备评审专家劳务费 • 安排会议车辆	评审工作开始前5天 会务准备 • 会议室租用 • 准备办公设备和办公用品 • 印制评审使用的各种会议表格 • 会议桌签 • 会议住宿安排 • 会议订餐安排 • 会议茶水 • 评审专家劳务费 • 专家接送联系 • 会议车辆	• 准备办公设备和办公用品 • 印制评审使用的各种表格，如签到表、工作底稿表 • 会议桌签 • 安排服务车辆	
协调评审会场会议设备调试 • 投影 • 音响 协调评审会场布置 • 会标或主题背板的制作、安放	评审工作开始前3天 会议设备调试 • 投影 • 音响 • 多媒体文件试播 会场布置 • 会标或主题背板的制作、安放 • 摆台 • 摆放会议文件，如征集文件、应征设计方案、评审工作方案、技术初审情况汇总（如果有）等 接专家 • 确定接送专家的车辆和司机	会议设备调试 • 多媒体试播 会场布置 • 摆台 • 摆放会议文件	

续表

主办单位	工作内容	征集代理机构	其他
预备会 •主办单位领导致辞 •介绍项目背景情况 •介绍征集目标、设计任务和要求 组织现场踏勘 •现场情况介绍 •车辆引导	评审会议当日上午 评审预备会和现场踏勘 （1）评委和来宾签到，发放会议资料，发放房卡 （2）评审预备会 •会议主持 •介绍参会的评委和嘉宾 •主办单位领导致辞 •介绍项目背景情况 •介绍征集目标、设计任务和要求 •介绍征集组织工作情况 •介绍工作日程 •宣读评审纪律 •评委推荐并确定评审委员会主席 （3）踏勘现场	（1）评委和来宾签到 发放会议资料 发放评审费 （2）预备会 •会议主持 •介绍参会的评委和嘉宾 •介绍征集组织工作情况 •介绍工作日程 •宣读评审纪律 •评委推荐并确定评审委员会主席 （3）组织现场踏勘 •车辆 •扩音器（喇叭） •讲解用的图版 •服务人员	确定会议主持等具体工作分工需由主办单位与征集代理机构共同商定
参加会议	评审会议当日下午 评审会 评委审阅应征设计文件，研究展板、模型，观看应征设计方案的多媒体演示文件	播放应征设计方案的多媒体演示文件 提供会议秘书服务	会议服务人员安排茶水和茶歇
参加会议	评审会议次日上午 应征人汇报设计方案	•提前把汇报用多媒体演示文件拷到汇报专用的电脑中 •应征人签到 •应征人进出会场引导 •提醒应征人汇报注意事项 •汇报时间计时 •安排速记人员，作好会议记录	
监督评审工作 办理文件资料接收手续 安排评委接送车辆	评审会议次日下午 •评委自由审阅应征设计方案，填写评审记录表 •评委对应征设计方案发表评价意见 •评委投票，监督人员监票，记录员统计投票结果，评委在投票统计记录表上签字确认 •评委提交书面的评审意见 •公布评审编号对照表 •评委审议并签署评审结果报告 •评审会议结束 •安排评委接送车辆	会议记录 协助评审会主席组织投票 •印制选票 •发放选票 •唱诵选票 •投票数量统计 •公布评审编号对照表 •起草评审结果报告 •收回评委填写的评审意见 •清点会议文件和资料 •与主办方办理文件资料移交手续 •整理会议文件（选票、评审意见、评审记录） •安排送评委的车辆	投票的方式为记名投票 监票人员可由主办方委派
办理场地结算手续	办理场地结算手续		

4. 应征规划设计方案评审会议议程安排

第一项　评委签到，发放会议资料

第二项　评审预备会

　　　　介绍参会的评委和嘉宾

主办单位领导致辞

主办单位介绍项目背景资料及项目规划设计任务和要求

宣读评审纪律

评委推荐并确定评审委员会主席

第三项　踏勘项目现场

第四项　应征人介绍应征规划设计方案（视情况而定是否要求应征人向评委现场介绍应征规划设计方案）或播放多媒体演示文件

第五项　评委自由审阅应征设计方案，填写评审记录表

第六项　评委对应征设计方案进行评议

第七项　评委投票或评分（根据征集文件规定的评审办法确定）

第八项　公布应征人与应征方案评审编号对照表

第九项　评委审议并签署评审结果报告，评审会议结束

第三章 ▪ 文件的编写

资格预审文件的编制

规划设计方案征集的资格预审是征集过程（尤其是公开征集）中的一个重要环节，是征集工作的起始。通过对应征申请规划设计机构的经营情况、执业资格、技术能力、管理能力、规划设计经验、企业信誉、人力资源、项目规划设计团队人员的资历、财务状况等方面进行审查，以判断其是否具备完成征集规划任务的能力。

资格预审的方法分为有限数量制和合格制。采用有限数量制的方法进行资格预审时，主办单位在资格预审文件中应明确规定通过资格预审的应征人的限定数量。目前，对于方案征集中应征人的最低数量尚无统一规定，考虑到一定的竞争性，通常情况下不少于3个。采用合格制进行资格预审时，主办单位在资格预审文件应明确规定通过应征人必要合格条件评审的申请人，均可取得应征资格。上述两种资格预审的方式相比采用合格制有利于充分的竞争，可使主办单位获得更多的应征规划设计方案。但由于规划设计方案征集是一个规划研究和方案创作的过程，在这个过程中，应征设计机构需要投入很多的人力、物力和财力来完成规划设计和成果的制作。主办单位也需要投入一定数量的人力、物力和财力来完成组织工作。

采用合格制，通过资格预审的应征设计机构较多，征集组织的工作量会加大，费用也会大幅度地增加，在一定程度上也会造成社会资源的浪费。采用有限数量制，一方面可以减少主办单位的组织工作量和费用，提高征集工作的效率，另一方面可以更加有的放矢地选择合适应征人，避免了不适合征集规划项目的规划设计机构人力物力的浪费，节约社会综合成本。但由于采用有限数量制，限定了应征人的数量，会影响到竞争的充分性。

目前国内规划设计方案征集活动中资格预审大多采取有限数量制。

一、资格审查的原则

审查规划设计机构的应征资格是主办单位的一项权利，但由于资格审查的结果直接影响到潜在应征规划设计机构能否参加规划方案征集，资格审查必须在坚持"公开、公平、公正和诚实信用"的基础上，遵守科学、择优的原则进行。

（一）公开、公平、公正和诚实信用的原则

公开，即信息透明，应征人的资格条件要公开，评审的要素或评审的标准和方法要公开，使每个

潜在的应征设计机构都能够及时获得，从而平等地参加竞争。

公平，即机会均等，不应以不合理的条件（如国别、地域差别、强制要求中国境内的规划设计机构要与境外的设计机构组成联合体应征）等限制或排斥潜在的规划机构，也不得对潜在的规划设计机构实施歧视待遇。

公正，即程序规范，标准统一。资格预审活动必须按照规定的时间和程序进行，对所有应征申请设计机构的评价的因素和标准要统一，不能采用差别标准。

诚实信用，即要求所有应征申请机构应恪守商业诚信，不应故意隐瞒真相或弄虚作假。

（二）科学、择优原则

规划设计方案征集的成功，选择合适的规划设计机构是基础，只有选择了有着与征集项目相类似的城市规划设计经验的、优秀的规划设计机构，才能获得富有创意的、科学合理的规划设计方案。要选出最合适的规划设计机构，科学合理的资格条件和评价标准及方法的设定是关键，这将直接影响潜在应征规划设计机构选择的范围和数量，进而影响到征集活动中应征规划设计机构竞争的广泛性和专业性。

应征规划设计机构的资格条件应根据征集规划项目的规模、功能、规划内容等方面的需求，并结合我国及国际上其他国家关于规划设计资质/资格的管理规定和市场准入标准以及规划设计行业的现状，科学、合理地来设立。资格预审的评审标准、评价因素以及评选的方法要科学合理、公平、公正。

二、资格审查的内容

（一）主体资格

参加规划方案征集的应征主体资格的设定要考虑征集的规划任务和国内外规划设计行业的特点。通常情况下，要求应征主体是法人实体，且具有民事行为能力，能够独立承担民事责任。由于城市规划是一项综合性很强的工作，自然人独立参加规划设计方案征集具有一定的局限性，通常情况下不接受自然人应征。同时应根据项目的性质，以及我国规划编制资质和资格管理的相关规定，确定境外规划设计机构可否作为应征主体独立参加应征，以及对境外规划设计机构资格条件的要求，并应明确是否接受联合体参加应征。

如果接受联合体应征，要对联合体应征人的组成、各成员应满足的资格条件进行规定。需要注意的是，考核联合体的资格应以联合体协议书中约定的各成员承担规划设计的工作内容为依据。

（二）执业资质/资格

根据《中华人民共和国城乡规划法》、《中华人民共和国建筑法》、《外商投资城市规划服务企业管理规定》、《外商投资城市规划服务企业管理规定》的补充规定以及《关于外国企业在中华人民共和国境内从事建设工程设计活动的管理暂行规定》，从事城乡规划和工程设计的单位应具有相应的规划或工程设计资质或资格。

因此，对参加征集项目规划设计的应征机构的执业资质或资格要求应根据征集项目的性质、规模和功能特征以及国内、国外规划及建筑行业执业资格和资质管理的相关规定来确定。资质/资格的种类和级别设定要合理，要与征集项目相适宜，不应把门槛设置得太高。资质和资格审查的内容包括资质或资格证书的种类、级别，以及证书允许承接规划设计工作的范围等。不具有相应资质/资格的规划设计机构不能参加征集。

（三）资历和技术实力

资历和技术实力的审查主要是审查规划设计机构的综合技术力量和企业的人力资源，如企业经营的年限、企业的规模、具有执业资格的设计师（包括注册规划师、注册建筑师）的数量、科研能力、技术成果等。同时要审查拟派到征集项目的规划设计团队人员的资历。优秀的规划设计团队是成功的规划设计方案诞生的基础。对设计团队要重点考察主要设计人员的专业配置，主要设计人员的资历、设计经验，尤其是与征集规划项目相类似的规划设计经验等因素。

（四）规划设计经验

规划设计经验审查要强调与征集项目的相关性，考察与征集项目"相类似的规划设计经验"。相类似的规划设计经验可从规划区的功能类型、地域特征、规划内容等几个方面来确定：功能方面如风景度假区、城市CBD、文化旅游区、主题公园区、历史文化名城名镇名村保护规划、住宅区、校园区、工业遗址改造、交通枢纽区、工业区、科技园区等；规划设计内容如城市风貌规划、用地功能研究、城市设计、交通规划、产业规划、风景园林规划、公共服务设施规划、市政规划等。因此在资格预审文件中应明确"相类似的规划设计经验"的特征、标准、评价的依据等，如：

"相类似的规划设计经验是指申请人已接受业主委托（获得规划设计合同），且已完成的功能特性（历史文化区）与本项目相类似的城市规划、城市设计项目……上述城市规划和设计的业绩不包括设计竞赛、设计方案征集或设计方案招标阶段的设计。"

"相类似的规划设计经验是指……规划用地面积超过1平方公里的城市级商务核心区的城市设计……"

"相类似的规划设计经验是指……城市综合商务和商业区……规划内容包含了城市功能定位、产业发展研究、土地开发策略研究以及城市设计等内容的综合规划项目。"

（五）社会信誉

社会信誉主要包括规划设计机构的资信状况，近几年的仲裁和诉讼情况以及以往承担的规划设计任务的合同履约情况等。

（六）获奖情况

对于规划设计机构来讲，获奖情况也反映了企业的技术实力和团队的创造力。获奖情况应从规划设计机构本身和设计团队的设计人员两方面来考察。规划建筑的奖项种类较多。我们经常见到的国际上的规划奖项有国际城市与区域规划师学会（ISOCARP）的全球杰出奖（The ISOCARP Awards for Excellence），美国规划师协会（American Planning Association，APA）的杰出规划奖（National Planning Excellence Awards）、规划成就奖（National Planning Achievement Awards）、规划领导奖（National Planning Leadership Awards），英国皇家规划师学会（Royal Town Planning Institute，RTPI）的金奖（Gold Medal）。国内的规划奖项有全国优秀城乡规划设计奖（一等奖、二等奖、三等奖）。国际上顶级的建筑大奖有普利茨克建筑奖（Pritzker Architecture Prize）、密斯·凡·德·罗建筑奖（Mies Van Der Rohe Award）、美国建筑师学会金奖（AIA Gold Medal）、国际建筑师联盟金奖（UIA Gold Medal）、英国皇家建筑师学会金奖（RIBA Royal Gold Medal），以及著名的国际级奖项如日本国家艺术大赏、丹麦嘉士伯奖、美国建筑师学会（AIA）国家荣誉奖、英国皇家建筑师协会（RIBA）詹克斯奖（Jencks Award）、法国国家建筑奖等。国内建筑设计奖项的种类和级别也较多，有国家或政府部门颁发的，有行业学会颁发的，有国家级、省部级，有授予单位的，也有授予个人的，有规划或工程设计的，也有综合奖项。国内与建筑设计相关的主要奖项有国家优秀工程设计奖（金奖、银奖、铜奖）、建筑学会创作奖、梁思成建筑奖、詹天佑土木工程大奖、中国建筑学会青年建筑师奖、中国建筑学会建筑创作大奖等。

在资格预审文件中应对奖项的基本特征和考察标准给予明确规定。如：

"企业或个人获奖情况是指在国内和国外获得的国际、本国国家级或行业学会的城市规划、建筑设计等奖项……不包括省部级的奖项，也不包括规划或建筑设计征集/竞赛/招标中获得的奖项"。

三、资格预审文件的内容

资格预审文件通常包括资格预审公告、申请人须知、资格审查办法，以及资格预审申请文件的基本内容和格式。

（一）资格预审公告

资格预审公告包括规划项目概况、规划任务、规划周期、应征设计机构的资格条件、应征设计机构的数量、资格评审的办法、资格预审文件的获取、资格预审申请文件的递交、发布公告的其他媒体、征集联系方式等内容。通过这些内容应使潜在的应征设计机构可以对规划征集项目有一个概括性的了解，并作出初步的评估，进而决定是否报名参加资格预审。

（二）申请人须知

1. 资格预审须知

须知的主要内容应包括：

（1）主办单位及征集代理机构的名称、地址、联系人与电话。

（2）项目基本情况，包括项目名称、规划范围、项目功能定位、规划任务。

（3）资格预审的方法，明示资格预审采用有限数量制的方法或合格制的方法。

（4）申请人资格条件：告知应征主体的资格，应征设计机构必须具备的规划设计资质或资格、规划设计经验，拟投入设计人员的资历、行业信誉、技术力量等资格能力要素条件，以及境外的规划设计机构能否独立应征，是否接受联合体应征等要求。

举例

某个由国家级文化博览项目和综合文化设施项目组成的文化综合区的城市设计方案征集，用地规模为30hm²左右，建设规模约65万m²，规划征集的设计任务为概念性城市设计，其资格预审文件中对应征申请人的资格条件作了如下规定：

1. 应征申请人须为合法注册的法人实体。

2. 中华人民共和国境内设计机构须具有城乡规划编制乙级及以上资质，或工程设计综合甲级资质，或建筑行业工程设计甲级资质。

3. 中华人民共和国境外的设计机构，应当是其所在国或者所在地区的建筑设计行业协会或组织推荐的会员，在本国具有从事规划和建筑设计的相应资格，且须与境内的设计机构组成联合体应征。

4. 应征申请人应有与本征集项目功能性质相类似的文化综合区城市设计经验。

5. 联合体应征申请人的资格预审

组成联合体参加应征时，除应满足本须知第1至3条的规定外，还应符合以下要求：

5.1 每个联合体的成员必须按本须知规定的格式和内容递交各自的资格预审申请文件。

5.2 联合体的各成员应共同签署一份联合体协议。协议中应明确约定在本次征集中各成员拟承担的工作内容以及联合体牵头单位的名称和责任，牵头单位应为规划设计机构。该协议应作为联合体应征申请人资格预审申请文件的组成部分一并提交。

5.3 联合体的各成员应当共同推举一个联合体代表人（自然人），由联合体的各成员单位共同签署一份授权书，授权其代表联合体的所有成员承担应征的责任和接受指令。该授权书应作为联合体应征申请人资格预审申请的组成部分一并提交。

5.4 组成项目联合体的各成员单位不得再以自己的名义单独申请应征资格预审，也不得同时加入本项目其他联合体申请应征资格预审。

6. 通过资格预审的应征人或联合体应征人的资格情况发生了任何变化（如联合体成员变更，应征人的主要规划设计人员的变更），应征人应向主办单位报告，并须得到主办单位的书面批准。

（5）申请文件的份数。

（6）申请文件的递交规定：明确申请文件的密封和标识要求，文件递交的截止时间及递交地点。

（7）简要写明资格评审方法，如综合评分法、投票表决法等。

（8）资格预审结果的通知时间及确认时间。

2. 总则

总则编写要把项目概况、规划范围、项目功能定位、规划任务、规划设计周期等内容叙述清楚，说明应征设计机构的资格条件，以及参加资格预审过程的费用承担。

3. 资格预审文件的组成

资格预审文件通常由资格预审公告、申请人须知、资格审查办法、资格预审申请文件格式、资格预审文件的澄清和修改文件以及规划项目情况简介等。

4. 资格预审申请文件的编制

主办单位应明确告知资格预审申请人，资格预审申请文件的组成内容，明确申请文件的编写、签字或盖章要求，证明文件的内容和形式要求，申请文件的数量、装订及密封要求，外包装的标识等。

5. 资格预审申请文件的递交

主办单位一般在这部分明确规定资格预审申请递交的地点和截止时间。并应明确没有按规定的时间递交到指定地点的资格预审申请文件，一律拒绝接收。

6. 资格预审申请文件的审查

资格预审申请文件由主办单位依法组建的审查委员会按照资格预审文件中规定的审查办法进行审查。

7. 通知和确认

明确审查结果的通知时间及方式，以及合格申请人的回复方式及时间。

8. 纪律与监督

对资格预审期间的纪律、保密、投诉以及对违纪的处置方式进行规定。

（三）资格审查办法

针对有限数量制和合格制两种不同的资格预审方法，资格审查和评审的办法也不同，但在资格评审办法的设置上既要考虑其科学合理性，又要考虑可行性和可操作性。

1. 合格制

1）采用合格制的方法进行资格预审时，对应征申请人资格申请文件的审查主要包括两个方面。

（1）审查资格申请文件的符合性、完整性和有效性审查。这部分的审查内容主要包括申请文件是否按时递交到指定地点，申请文件的密封和标记是否符合资格预审文件的要求，是否按资格预审文件的规定提供了有关证明文件，申请人名称与营业执照、资质或资格证明文件是否一致，申请文件尤其是"应征申请函"是否有法定代表人或其委托代理人签字并加盖单位印章，申请文件字迹是否清晰可辨等。

（2）必要合格条件评审（即强制性资格条件评审）。这部分评审的内容可分为两类。一类是应征人的主体资格条件，如应征申请人的法人地位，应征人的规划设计资格或资质，"一标一投"等。另一类是资格评审因素的强制性合格条件，如申请人单位及申请人拟派到征集项目的首席规划师或/及首席建筑师具有与征集项目的功能或性质相类似的规划设计经验，首席规划师或/及首席建筑师的执业资质或资格等。

2）资格审查和评审的程序。

（1）符合性、完整性和有效性审查。资格评审委员会依据资格预审文件的审查标准，对资格预审申请文件进行审查。申请文件有一项因素不符合审查标准的，不能通过资格预审。只有通过符合性、完整性和有效性审查的申请文件才能进入下阶段的评审。

（2）必要合格条件评审。资格评审委员会依据资格预审文件的评审标准，对资格预审申请文件进行评审。申请文件有一项不能满足应征人必要合格条件或强制性资格条件标准的，不能通过资格预审。只有通过必要合格条件评审的申请文件才能通过资格预审。

（3）资格预审申请文件的澄清。在资格评审过程中，资格评审委员会可以书面形式，要求申请人对其所提交的资格预审申请文件中不明确的内容进行必要的澄清或说明。申请人的澄清或说明应采用书面形式，并不得改变资格预审申请文件的实质性内容。申请人的澄清和说明内容属于资格预审申请文件的组成部分。主办单位和审查委员会不接受申请人主动提出的澄清或说明。

2. 有限数量制

1）采用有限数量制的方法进行资格预审时，对应征申请人资格申请文件的审查主要包括如下几个方面。

（1）审查资格申请文件的符合性、完整性和有效性审查。这部分的审查内容与合格制的资格预审方法相同。

（2）必要合格条件评审（即强制性资格条件评审）。这部分评审的内容与合格制的资格预审方法相同。

（3）详细评审

采用有限数量制的方法进行资格预审时，对通过符合性、完整性和有效性审查和必要合格条件评审的申请文件进行详细评审，以选出规定数量的应征人。

详细评审可以采用综合评分法或记名投票的方式。详细评审的考核要素主要有应征规划设计机构的人力资源和技术实力，所具有的与征集项目的功能和性质相类似的规划设计经验，拟派的规划设计团队的人员资历和类似的规划设计经验，社会信誉等。

采用综合评分法，可赋予上述考核要素不同的权重系数和要素评定等级标准（如从"优"到"差"可设置A、B、C、D四个级别），以及评定等级所对应的得分。各个考核要素的权重设置，评定等级的级别划分和分数的设定要依据项目的功能和性质特征、征集规划的内容和任务，以及征集后续规划编制的需求等。由于规划设计是一项技术服务工作，应征人拟派规划设计团队中主要规划设计人员的职业道德、专业素养和资历对规划设计的成果优劣会有很大的影响，因此，采用综合评分法进行资格评审时，对主要规划设计人员的教育背景、执业资格、专业资历、类似的规划设计经验、学术研究成果、获奖情况考核要素可给予较高的权重。

采用投票法进行资格评审时，要明确投票的办法。投票通常采用记名的形式进行。具体的投票办法有分段淘汰法、分段优选法、投票表决法等。如果参加资格预审的申请人较多，建议采用分段淘汰的投票方式进行评选，分段进行淘汰投票，直至剩余的应征人的数量与资格预审文件中规定的数量一样为止。如果参加资格预审的申请人较少，可以采用投票表决法直接选出规定数目的应征人。

进行详细评审时需考虑的要素主要有：

应征申请人的资格，即应征申请人以及应征申请人拟派到本项目设计团队的规划师、建筑师所具有的执业资格/资质等级。

应征申请人的设计经验，即应征申请人和应征申请人拟派到本项目设计团队的规划师、建筑师等人员所具有的设计经验，尤其是与本项目功能性质相同的项目的设计经验。

应征申请人的企业实力审核，重在考核应征申请人承担项目设计任务的能力。即：应征申请人的技术实力、人力资源实力、投入本项目的人员实力、社会信誉审查。

2）资格审查和评审的程序。

采用有限数量制的情况下，资格审查通常包括初步审查和详细评审两个阶段。

（1）初步审查。初步审查主要包括符合性、完整性和有效性审查和必要合格条件评审。评审的程序与合格制资格预审方式的程序相同。只有通过了初步审查的申请人，才能进入详细评审。

（2）详细评审。详细评审应根据资格预审文件中规定的评分标准或投票办法，通过对申请文件进行综合评分或记名投票选出规定数量的应征人。

举例一

（分段淘汰法），某项目对应征申请人资格评审的投票规则规定如下：

评审委员会对通过了初步审查的申请人进行详细评审。详细评审采用记名投票分段淘汰制的方式进行，通过四轮投票淘汰筛选确定5个应征人。

一、评选办法

第一轮投票

评委对通过了初步审查的申请人通过记名投票的方式选出8个申请人进入第二轮的评审。

第二轮至第四轮投票（详细说明略）：每轮投票各淘汰1个申请人，选出5个应征人。

二、投票规则

1. 每个评委只能递交一张选票，每张选票的权重相等。

2. 监票人查验每个评委所填的选票，并确定其是否有效。

3. 唱票人唱颂有效选票，选票记录员在电脑上对唱票的结果进行统计，并以投影的方式向在场的全体人员展示统计过程及统计结果。

4. 以自然多数的统计原则，根据得票的数量由多到少进行排序，淘汰本轮投票中得票数量多的申请人。当得票出现并列，且使得被淘汰的申请人的数量超过了规定的数目，评委应对得票数量并列的申请人再次投票，直至淘汰掉规定数目的申请人。

5. 监票人和全体评委在投票统计结果报告上签字，确认投票结果。

6. 被淘汰的申请人不再参加下一轮的评审投票。

举例二

（分段优选法），某项目对应征申请人资格评审的投票规则规定如下：

评委以记名投票的方式对通过初步审核的应征申请人进行分段筛选，以简单多数的统计原则，根据得票数量的多少，选出3个应征人。

一、评选办法

第一轮投票：评委以记名投票的方式进行投票，选出得票数量排序列前的12个应征申请人进入第二轮投票评选。

第二轮投票：评委对进入第二轮投票的12个应征申请人进行投票，选出得票数量排序列前的6个应征申请人进入第三轮投票评选。

第三轮投票：评委对进入第三轮投票的6个应征申请人进行投票，选出得票数量排序列前的3个应征人。

二、投票规则

1. 每个评委只能递交一张选票，每张选票的权重相等。

2. 监票人查验每个评委所填的选票，并确定其是否有效。

3. 唱票人唱颂有效选票，选票记录员在电脑上对唱票的结果进行统计，并以投影的方式向在场的全体人员展示统计过程及统计结果。

4. 以自然多数的统计原则，根据得票的数量由多到少进行排序，本轮投票中得票数量排序在前的申请人进入下一轮投票评选。当得票出现并列，且使得应征申请人的数量超过了每轮投票规定的数目，评委应对得票数量并列的申请人再次投票，直至选出每轮投票规定的申请人数目。

5. 监票人和全体评委在投票统计结果报告上签字，确认投票结果。

（四）资格预审申请文件的基本内容和格式

1. 资格预审申请函

资格预审申请函是指申请人响应资格预审文件，参加应征资格预审的申请函，同意主办单位或其委托代表对申请文件进行审查，并对所递交的资格预审申请文及有关材料内容的完整性、真实性和有效性作出声明。

2. 法定代表人身份证明或其授权委托书

法定代表人身份证明，是申请人出具的用于证明法定代表人合法身份的证明。授权委托书，是申请人及其法定代表人出具的正式文书，明确授权其委托代理人在规定的期限内负责申请文件的签署、澄清、递交、撤回、修改等活动，其活动的后果，申请人及其法定代表人承担法律责任。

3. 联合体协议书

联合体协议书是两个或两个以上应征规划设计机构参加资格预审和征集活动签订的联合协议。由两个或两个以上的规划、设计机构组成联合体参加应征时，联合体各成员应共同签署一份联合体协议。协议中应约定各成员在联合体中拟承担的工作，联合体牵头单位的名称，联合体授权代表人的姓名和权限。该协议书应作为应征人资格预审申请的组成部分一并提交。

同时联合体协议中应规定组成联合体的各成员不得再以自己的名义单独应征，也不得同时加入本项目其他联合体应征。

联合体协议须由联合体各成员加盖单位印章，并由联合体各成员的法定代表人签字或盖章。

4. 申请人基本情况

申请人基本情况包括申请人的名称、企业性质、法定代表人、经营范围、营业执照、公司注册成立时间、注册资本金、企业资质等级与资格声明，联系方式、企业人力资源等。

5. 申请人的规划设计能力

主要是已完成的规划设计项目情况，尤其是与拟规划项目功能性质相类似的项目的规划设计经验。

6. 基本财务状况

如注册资本金、年营业额。

7. 拟投入的规划设计人员状况

申请人拟投入的规划设计人员的身份、资格、教育背景、专业工作时间、为申请人工作的时间、执业资格、职称，完成的主要类似项目业绩、获奖情况等。

8. 其他材料

申请人提交的其他材料，如企业营业执照、资格或资质证书、ISO9000质量管理体系认证证书，获奖证书等申请人认为对自己通过预审比较重要的资料。

（五）项目概况

项目概况的内容应包括项目情况说明、规划条件和规划背景介绍、规划的目标和要求以及征集活动的简介，以便规划设计机构了解征集项目的情况和要求。

征集文件的编写

规划设计方案征集文件是指导应征人正确编制应征规划设计文件、设计服务费用报价和服务建议书编制的依据。设计征集文件要全面介绍征集规划项目的特点和规划设计要求，明确应征人在征集过程中应当遵守的规定。编制高质量、高水平的征集文件是保证方案征集项目顺利开展和确保规划设计成果质量的关键所在。

一、基础资料的准备

基础资料的准备和提供是规划设计方案征集前期工作的重点，尤其是针对境外的规划设计机构，详实、准确的资料在一定程度上可以帮助规划设计机构尽快开展工作，切入规划研究的核心。

基础资料应包括城市或区域的社会、经济、文化等方面的背景情况；自然环境、人文地理状况，上位规划（总体规划、分区规划、控规）的有关内容，政策法规、规划审批实施情况，规划区域现状用地的权属情况，保留用地和保留建筑及设施的情况，国家和地方有关规划设计的规范性文件。

城市或地区社会、经济、文化等方面的背景资料主要为文字的描述和必要的统计数据，也可以包括一些图片和音像资料，比如城市介绍的宣传片等。总体规划或分区规划是编制规划的重要依据，主办单位可以提供完整的规划说明文本和图纸，也可提取总体规划或分区规划中与项目直接相关的内容进行介绍。设计基础图纸资料还包括地形图、航片、卫片等，这些资料最好能同时提供电子文件，地形图可以分层叠加规划设计条件的有关内容，所提供的图纸比例要合适。

为规划设计机构提供设计基础资料时一定要遵守我国有关的保密规定，获得合法批准后方可用于方案征集。有境外的规划设计机构参加的征集，基础图纸资料须经过有关部门的审定和脱密处理后方可带出境。

二、征集文件的主要内容

征集文件应该做到要素齐全，编排科学，言简意赅。通常征集文件包括：

（1）应征须知；

（2）设计任务书；

（3）合同条件（如需要）；

（4）商务文件的部分格式（根据情况而定）。

（一）应征须知

应征须知主要针对征集活动的程序性、时限性以及与征集活动有关的事项进行界定，是征集活动中应遵循的程序规则。应征须知作为征集文件的重要组成部分，应向应征人介绍征集活动情况，对应征人提出应征要求，指导应征人正确理解征集文件，告诉应征人在编制和递交应征文件时应当注意的事项，应征须知的主要法律效力在于自发出征集文件之时至公布征集结果之时这一期间，约束主办单位组织征集和应征人应征的行为。是征集活动中阶段性文件，对于征集活动结束后后续的合同签订或规划工作委托不再有约束力。为避免应征人对征集文件内容的疏忽或错误理解，应征须知所列条目应清晰、内容表达要准确。应征须知的主要内容如下：

1. 项目概况

项目概况主要包含项目名称、规划范围、规划区面积、总体建设规模控制、征集的目的和任务、项目实施进度要求（视情况）。

2. 主办单位和代理机构

说明主办单位的名称，征集代理机构的名称以及详细的地址、邮编、联系电话、联系人、电子邮件地址。同时明确征集事项的联系人和联系方式。

3. 征集文件的组成

征集文件的组成要说明征集文件包含的主要章节，如应征须知、规划设计任务书，商务文件的部分格式，如果此次征集拟授予规划合同或委托部分规划工作，征集文件中还应包括合同条件。同时，应明确征集文件的澄清文件和补充文件也是征集文件的组成部分。

4. 征集时间安排

征集时间安排应告知应征人征集开始的时间，现场踏勘、项目情况介绍会的时间，设计情况阶段性汇报的时间，每次征集提问和澄清的时间，应征人递交应征文件的截止时间，公布征集评审结果的时间，以及支付应征补偿金和奖金的时间。

征集的时间安排应考虑规划设计内容、设计深度和设计成果的形式要求等因素，给应征规划设计机构合理的设计周期。大型项目通常会安排90天左右的规划设计时间。

5. 规划项目现场踏勘和项目情况介绍会

是否组织现场踏勘，以及何时组织现场踏勘召开项目情况介绍会要依据项目特点及征集的情况决定。但对于规划设计方案征集来说，通常都需要集中组织现场踏勘和项目情况介绍会，同时在征集文件中应告知应征人详细的现场踏勘和项目情况介绍会的时间和集中地点，以便应征人提前做好准备。

6. 征集文件澄清和补充

应征人在获得征集文件后会仔细阅读和研究征集文件，尤其是规划设计条件和要求的内容，在研究过程中会产生一些疑问需要主办单位澄清和解答。为了使澄清和解答工作进行有序，通常在征集文件中要告知应征人有关征集文件澄清和修改补充的程序及时限。比如提问的方式（书面/口头），接收提问的联系人和联系方式，征集澄清或补充文件发放的时间和程序，应征人收到澄清或补充文件后回复时限，征集澄清或补充文件的效力（如澄清文件与原征集文件有矛盾时，以哪个为准）等。

7. 规划设计情况阶段性汇报

在征集组织过程中是否安排规划设计情况阶段性汇报要根据征集项目的特征和征集规划设计任务来定。例如针对规划前期策划和区域功能定位研究的规划征集项目，可考虑安排规划设计情况阶段性汇报。因为，这一类的征集项目通常是在规划编制前期针对规划区域功能定位、产业发展方向、业态选择及配比、开发建设时序和策略，以及城市空间架构等方面的研究，以期寻找区域空间规划和产业发展的思路，为后续的规划的编制提供基础和依据。在征集的过程中设置规划设计情况中期交流或报告这一环节，可以及时地了解到规划设计机构的工作进度、工作深度和规划研究的方向，解答他们在征集研究中遇到的问题，帮助他们熟悉规划区域的背景情况，准确把握规划区域的发展趋势和存在的问题，落实区域的规划目标。通过交流和沟通，保证规划成果的深度、技术路线满足征集的要求，避免规划设计机构由于对影响规划决策的区域社会、经济、文化、产业等情况了解不够导致规划研究脱离实际，规划方案缺乏可操作性，影响了征集活动的实效。

针对用地功能、建设规模、建设强度等主要规划条件确定的重要城市功能区的城市设计方案征集，通常不安排设计情况中期交流和汇报。

8. 应征文件的组成、文件形式和数量

在征集文件中应明确应征文件的组成和数量。规划征集的应征文件通常由两部分内容组成，即设计文件和商务文件。

1）应征规划设计文件

应征规划设计文件通常包括设计说明、设计图纸、技术和经济指标表、模型（视具体的情况而定）、设计方案的多媒体汇报文件等。应征设计文件的形式通常有A3版面设计文册（包括设计说明、缩印的设计图纸、技术和经济指标表等内容）、展板（A1或A0尺寸）、模型、电子文件（包括设计说明、图纸、电子模型、多媒体演示文件、三维动画文件、3DMAX电子模型文件）等。设计文件的形式要根据规划设计的编制深度，征集时间要求，支付的应征补偿金的数量等情况来确定。

2）应征商务文件

应征商务文件通常包括著作权声明，规划设计服务建议书（包括规划设计服务的范围和内容、设计周期、规划设计费用及支付条件、设计成果的编制深度、各种图纸的比例要求、设计成果提交的份数、设计人员名单等），应征人的资格文件。

9. 应征文件的签署、装订、密封和标记

应征文件的签署、装订、密封和标记的规定要清晰易懂，文字说明要准确无歧义。往往应征文件的签署、密封不符合征集文件要求时，会被拒绝或被判定为无效的应征文件或被取消应征资格。

> **提示**
>
> 　　由于应征设计方案的评审采用匿名即"暗标"的评审方式，因此在征集文件中应提醒应征规划设计机构："应征设计文件中的设计文册副本、展板、模型及电子文件无论是封面，还是文件本身均不能具名，或带有任何可辨认应征人身份之标志，仅注明征集项目的名称。"

　　另外，应征设计文册的正本及著作权声明须加盖应征人印章，并由主要规划设计者和策划人本人签字。

> **提示**
>
> 　　鉴于规划设计方案凝聚着应征人智慧的智力成果，是著作权法意义上的作品。按照著作权法，著作权应归属于作品的作者以及其他依照著作权法享有著作权的公民、法人或者其他组织。因此应征设计文册的正本及著作权声明除须加盖单位的公章外，还应由方案的实际创作者本人签字。

　　10. 应征文件递交的方式、地点和截止时间

　　规划设计方案征集的成果文件比较多，有时还包括模型等成果，应征文件递交的方式通常要求专人递交到指定的地点，不接受邮寄或快递等方式的递交。应征文件递交的截止时间也要考虑到交通限行的时段要求。

　　11. 应征文件的有效期

　　应征文件的有效期至少要满足方案评审、结果公告的时间要求。如果征集后续会授予规划设计机构设计合同或委托其完成部分规划工作，应征文件的有效期还应考虑合同谈判和合同签订的时间。

　　12. 无效应征文件及取消应征资格

　　征集文件中应明确规定无效应征文件的评定标准和取消应征资格的条件，通常以下情况应征文件会被判定无效、被拒绝或应征资格被取消：

　　（1）迟于应征文件递交截止时间递交应征文件；

　　（2）应征人未按应征须知之规定签署应征文件；

　　（3）应征文件未按规定格式填写，图文和字迹模糊、辨认不清，内容不全或粗制滥造；

　　（4）著作权声明的内容不符合征集文件中有关知识产权的规定，或未加盖应征人的单位印章，或没有设计者本人的签字；

　　（5）应征规划设计文件的形式、数量、规划设计内容和编制深度基本上不满足征集文件的要求；

　　（6）评审委员会判定应征规划设计方案实质上不符合规划设计要求；

　　（7）应征规划设计方案抄袭他人成果或构成对他人知识产权（包括但不限于著作权、专利权）或专有技术或商业秘密的侵犯或与已有的项目雷同；

　　（8）应征人在应征设计文件副本、展板和电子文件中明示或暗示应征人的身份；

　　（9）应征人或其成员在应征文件的审查、澄清、评价、比较和推选过程中，有不正当地对主办单位施加影响，或不正当地影响评审委员会正常评审工作的行为；

（10）应征人存在欺诈行为。

13. 知识产权的相关规定

在征集过程中主要涉及以下几个方面的知识产权，征集文件（包括文字说明、规划资料、图纸、项目前期研究的成果文件）的知识产权、应征规划设计文件的知识产权、第三方的知识产权。

1）征集文件的知识产权

征集文件，尤其是组成征集文件的产业发展研究成果、上位城市规划成果、规划图纸、地形图、航片、卫片、基础地理信息数据，以及其他前期研究的成果和资料，都是参与征集文件编制的各方的智力劳动成果，其著作权或知识产权应归属主办单位和其他相关规划设计机构或研究机构所有，在征集文件中应予以明确。

同时，在征集文件中还应明确，应征人仅可以将征集文件中的图纸和资料用于编制应征规划设计文件的目的。未得到主办单位和相关权利人明确的书面许可，应征人不得将上述文件用于其他工程设计或其他目的，也不得将上述文件泄露给任何第三方，如果上述情况发生，主办单位和相关权利人有权追究因应征人侵犯主办单位和其他相关权利人的知识产权或泄密而引起的一切责任。

> **提示**
> 　　规划成果文件和图纸以及地理信息数据均为涉密文件和数据，在征集文件中应要求应征人根据当地基础地理数据的密级按国家有关保密法律法规的要求，采取有效的保密措施，严防泄密，在规划设计工作完成后及时交还给主办单位，不得自留和外泄。同时在征集文件和相关的资料发放前要与应征人签订保密协议。保密协议的参考格式见第二章附件。

2）应征规划设计文件的知识产权

应征规划设计文件是应征人响应征集文件提出的规划设计要求而完成的规划设计成果，毋庸置疑，它是凝聚着应征人智慧的智力成果，是著作权法意义上的作品，应该依法受到尊重和保护。按照著作权法，著作权应归属于作品的作者以及其他依照著作权法享有著作权的公民、法人或者其他组织。

对规划设计方案著作权的归属和转让应遵从著作权法的相关规定和主办单位和应征人的约定。通常情况下，规划设计方案著作权中的人身权如署名权、发表权等应归属于应征设计机构及其设计者。应征规划设计方案的使用、印刷、展览、宣传等权利可以在一定条件下有偿转让给主办单位，转让价金（即应征设计补偿金）应在征集文件中明确。

征集结束，主办单位按照约定向应征人支付了一定数额的使用费（应征设计补偿金）后，可获得规划设计方案的使用、修改、改编、印刷、展览、宣传等权利，且无需把规划设计方案（包括图册、展板、模型、电子文件等）退还给应征人。但在此情况下，经主办单位许可，应征人也可通过传播媒介、专业杂志、书刊或其他形式评价、展示其应征作品。

但对于未获得应征设计补偿金的应征人提交的规划设计方案应退回给该应征人，而且与该规划设计方案有关的所有知识产权也应归属于该应征人。

举例

主办单位向应征人支付应征设计补偿金，应征规划设计方案知识产权的归属在征集文件中规定如下：

（1）除非应征人递交的应征文件被判定无效、被拒绝或应征资格被取消，应征人在本次方案征集中递交的所有文件均不退回。

（2）应征人对应征方案享有署名权，经主办单位书面许可后可通过传播媒介、专业杂志、书刊或其他形式评价、展示其应征作品。

（3）主办单位享有应征规划设计方案的使用权。主办单位在规划编制中或在规划设计方案调整综合时，可以全部或部分使用规划设计方案的内容。

（4）主办单位可将应征方案印刷、出版和展览，还可通过传播媒介、专业杂志、书刊或其他形式评价、展示、宣传应征作品。

（5）应征人、主办单位对应征规划设计方案除用于本征集项目外，均不得用于其他任何项目。

3）第三方知识产权保护

在征集文件中应明确要求，应征人准备或提交的全部规划设计文件在中国境内或境外没有且不会侵犯任何其他人的任何知识产权（包括但不限于著作权、专利权等）或专有技术或商业秘密。如果应征人的应征规划设计文件中使用或包含任何其他人的知识产权或专有技术或商业秘密，应已经获得权利人的合法、有效、充分的授权。同时须规定应征人应承担主办单位因被指控侵犯上述权利而产生的或与此有关的任何及所有责任，并赔偿主办单位由此发生的任何及所有成本、费用和损失。

14. 应征保证金或应征保函的要求

应征保证金或应征保函是为了保护主办单位免遭因应征人的行为而蒙受的损失，主办单位在因应征人的行为受到损失时可根据征集文件的约定没收应征人的保证金。保证金的数额不宜过多，最高不应超过10万元人民币。

15. 应征规划设计方案的评审

征集文件中应对设计方案的评审作出明确和详细的规定，包括评审委员会人员组成方式、应征规划设计方案评审标准、评审程序和评审方法。

1）评审委员会人员组成方式

按照联合国教科文组织通过的建筑与城市规划国际竞赛标准规则，规划设计方案国际竞赛一般在竞赛文件中就公布评委名单，有德高望重的专家担任评委的竞赛才更具有吸引力。但根据我国现阶段国情，为避免给评委带来压力，在发出征集文件时一般不公布评委名单。评审委员会由主办单位负责组建，专业构成根据项目的特征决定，如规划、建筑、交通、产业经济、城市经济、园林景观、水利、历史文化保护等专业。人员的数量可参照《中华人民共和国招标投标法》、《建筑工程方案设计招标投标管理办法》等法律法规的相关规定，通常情况重大项目评审委员会的人员数量9人左右，其中主办单位的代表不应超过1/3。在评委的选择上要注意专家的广泛性和多样性，突破地区和行业壁垒。所选的评委的资历应该相差不是很多，以免在评审中出现一人为主的情况，那样就失去了聘请多个评委的意义。在组织国际方案征集时可考虑聘请一定数量境外评委。

2）规划设计方案评审标准

规划设计是创造性工作，规划设计方案的产生有诸多理性思考和感性因素，其间又不乏个人偏好，而对于规划设计方案的评审过程就是规划设计师与评委的心理互动过程，评审工作也是一项创造性的工作。

规划设计方案的评价标准与施工、监理、材料设备等招标采购的评价标准有较大区别，这是由城市规划的特点决定的。方案征集中的应征规划设计机构通过自己的智力劳动，研究城市的未来发展和城市空间的合理布局，描绘一定时期内城市发展的蓝图。而后者则是由投标人按设计的明确要求完成规定的物质生产劳动。从评价因素来看，施工、监理、材料设备等招标往往是以企业信誉、技术和价格等作为主要评标因素；规划设计方案评审标准设定的侧重点应在对方案优劣的评定上，主要是从方案对规划区的城市功能、产业发展、社会经济、人口发展、生态环境、城市空间的综合安排的合理性、科学性、创新性、实用性、可操作性、可持续发展性等方面来进行综合评价。

举例

（1）规划设计方案应符合国家的有关法律法规、规范和标准，并满足征集文件的规定和要求。

（2）规划设计方案应把产业发展、功能定位、土地开发战略研究与城市规划、城市设计结合起来，使规划区域发展与周边区域发展相协调、近期建设需求与远期发展需求相协调、城市建设与生态环境建设、城市建设与生态、人文环境建设相协调。

（3）规划设计方案应具有合理的功能布局、丰富有序的空间形态、优美宜人的环境景观、便捷适用的设施布局。

（4）规划设计方案应对交通需求作出合理可靠的分析，合理规划道路系统、安排相关交通设施，应考虑充分利用公共交通，尤其是要加强轨道交通与其他交通方式的衔接，为规划地区提供安全、便捷、高效的出行条件。

（5）规划设计方案应提出合理可行的开发策略、开发时序规划应有利于提高区域影响力和土地市场效益，确保土地成本收支平衡并有利于保持发展的可持续性。

（6）规划设计方案要创造出富有特色的城市空间形象，形成新的城市地标。

（7）规划设计方案对各项经济技术指标计算要科学准确。

3）评审程序和评审方法

从评审办法来看，施工、监理、材料设备等招标一般采用定量评价方法，比如经评审的最低投标价法、综合评分法等，而规划设计方案征集则较多采用定性评价方法，如综合评分法、投票法和排序计分法等。投票法又可分为投票表决法、逐个投票选优法、逐个投票淘汰法、分段投票筛选法等。

在规划设计方案国际竞赛中，通行的做法是以评价方案本身的优劣为主，并且方案在评审时以匿名的方式（暗标）进行。评审的方法一般采用投票表决的方式，并根据多数票作出决定。联合国教科文组织通过的建筑与城市规划国际竞赛标准规则指出，评委会的决定应获得多数投票通过，对每一个参赛作品都应该单独计票。如果投票出现平局，应由评委会主席投票定夺。

《建筑工程方案设计招标投标管理办法》第二十八条规定的建筑工程设计方案的评标方法也包括记名投票法。

"记名"投票的表决方式，可大大提升评审专家的责任感、使命感，增强其自我约束和责任意识，最大程度地避免个别评委评审的随意性，使评审过程更加严肃，从而进一步提升评审质量和评审水平，使评审结果更趋公平、公正。

投票表决的方法也有不同的操作方式，如一次投票表决法、逐个筛选结合投票表决法、分段筛选投票表决法、投票排序计分法等。

16. 奖项和奖金的设置

组织规划设计方案的征集应设立一定数量的奖项，并发放一定数额的奖金。

奖项的设置可以设分级排序奖项，如设"一等奖一名，二等奖一名，三等奖一名"；也可设不分级排序的优胜奖若干名，如设"优胜奖二名"或"优胜奖三名"。

17. 应征设计补偿金的设置

经过资格预审后选出一定数量的应征设计机构参加方案征集，并提交规划设计方案，应给予一定的应征补偿，支付一定数量的应征设计补偿金。

应征设计补偿金是主办单位支付给经评审委员会评审符合征集文件要求且经主办单位认可的应征设计方案的设计人（应征人）的一笔补偿费用，是对其参加征集活动，完成应征规划方案设计，并按时将应征规划设计方案本身及其相关的知识产权交付/转让给主办单位的全部费用的补偿。在补偿金的支付中应明确对于未按规定时间提交应征文件或其应征文件按应征须知规定不被接受或被取消应征资格的应征人，主办单位将不支付酬金。

应征设计补偿金的数额应根据项目的规模、设计工作量以及设计成果的形式、数量及征集过程中应征设计人的差旅成本（尤其是境外和埠外的应征设计人的差旅成本），同时应综合考虑方案征集结束后获奖的设计机构是否能获得后续规划设计合同，设计合同标的额的大小等因素。

在征集文件中应明确酬金和奖金的数量，是否含税、支付时间、支付币种、支付方式以及用外币支付时的汇率的确定等。

举例

某国际规划设计方案征集项目

1）酬金的设置

（1）酬金（即应征规划设计补偿费）是主办单位支付给应征人对其参加本次征集活动，按照征集文件的要求完成规划和设计工作，并按期交付规划设计成果所发生的全部成本、费用、支出的补偿。但对于未按规定时间提交应征文件或其应征文件按应征须知规定不被接受或被取消应征资格的应征人，主办单位将不支付酬金。

（2）应征人酬金为××万元人民币（含税）。

2）奖项和奖金的设置

（1）本次征集设优胜规划设计方案奖2名（不排序）。

（2）优胜奖的奖金为××万元人民币（含税），它是对获奖的应征人所支付的除酬金以外的奖励费用。

3）酬金与奖金的支付

（1）酬金和/或奖金将在征集结果公布，并与应征人签订酬金支付协议或酬金与奖金支付协议后20个工作日内支付。

（2）对于境内应征人的酬金和/或奖金以人民币支付，对于境外应征人的酬金和/或奖金以美元支付。人民币与美元的汇率以征集结果公布之日国家外汇管理局公布的汇率中间价为准。

4）关于税费

主办单位不承担由酬金和/或奖金支付所产生的任何税费。如果应征人需要在中国境内缴纳与酬金和/或奖金相关的税费，主办单位可按规定代扣代缴。

如果主办单位无法向境外的规划设计机构支付外币，可允许境外的规划设计机构委托中国境内具有外贸经营权的第三方代为收付。由此而产生的税费和手续费等费用的承担应在征集文件中予以明确。

18. 合同的授予或征集后续工作

在征集文件中要说明征集结束后主办单位是否会选择获奖的应征人来承担项目的规划编制或城市设计或其他规划设计服务，并授予相应的规划设计合同。如果拟授予规划设计合同，则应明示合同授予的原则和合同价款确定的方式。如果不授予合同，但需要获得优胜奖的规划设计机构配合主办单位完成规划方案的综合和调整，可明确支付费用的数额。

19. 保密

征集文件中应明确规定参加征集活动应征人应对主办单位提供的图纸、相关的资料以及在应征过程中了解到的主办单位的有关情况予以保密，主办单位有权追究因应征人泄密而引起的一切责任。

同时应规定参加征集活动的专家评委、工作人员及相关人员，应对整个征集工作的过程、内容、组织及应征人的有关情况予以保密。

另外还应规定在征集结果公布之前，任何人员或机构如未得到主办单位的书面许可，不得以任何方式披露、公开或展示应征规划设计方案。

20. 其他条款

1）适用的法律

在我国境内举行的规划设计方案征集活动，包括该征集活动本身及征集活动的相关文件仅适用中华人民共和国的法律和法规。

2）解释权

征集文件和征集活动的解释权应属于主办单位。

3）语言

组织国际规划设计方案征集，征集文件除使用中文书写外，至少应翻译成一种国际建协的正式工作语言（英语、法语、俄语、西班牙语）。同时应在征集文件中规定，当中文和英语（或法语、俄语、西班牙语）两种语言的意思表达不一致时，应以中文为准。

征集文件中应规定应征规划设计方案采用的语言，通常情况下规定使用中文。

同时应规定应征人与主办单位之间与征集活动有关的往来函电和文件均应使用中文书写。应征人随应征文件提供的证明文件和印刷品可以使用另一种语言，但必须附以中文译本。

此外，还应规定与方案征集活动相关的会议及各项活动中口头交流的语言为中文。

（二）规划设计任务书

规划设计任务书是设计征集文件的核心内容，是应征人进行规划设计的指导性和纲领性文件，是规划设计的依据，是"考试大纲"。规划任务书的编制要根据具体的规划征集目标和征集研究内容进行编制。

1. 前期策划和功能定位规划方案征集

该类方案征集的任务是提出区域发展战略规划、功能定位规划、项目前期策划方案等，征集的目的是科学地论证规划地域的宏观发展战略、价值目标、功能定位、功能分区和规划实施机制等。

该类征集的规划任务书或咨询研究内容应包括：

（1）通过对规划地域所在区域的宏观发展定位分析以及自身内生发展需求的判断，提出合理的规划目标。

（2）通过科学分析论证和经济测算，提出明确的城市功能类型、功能结构和各功能类型之间量的比例关系，为控制性详细规划的编制、调整提供依据。

（3）通过对国内外类似案例的研究和规划区各地块特质分析提出细分功能。

（4）通过对各类功能的互动关系和有效释放空间的研究，提出功能组团的空间关系、互动联系纽带，划分合理可行的开发单元，保证规划的可实施性。

（5）提出规划实施的时序和规划落实机制的建议。

2. 概念规划或城市设计方案征集

该类规划方案征集的主要任务是细化规划区的用地功能结构和空间布局，论证开发建设规模和容量，划分开发单元和确定对其开发强度、建筑高度控制，建立方便高效的交通系统和良好的生态环境，提出控制性和建议性的技术指标要求等。征集的目的是通过集思广益的研究论证，为有的放矢地进行规划编制打下良好的基础。

规划设计任务书的主要内容：

举例

1）项目概述

项目概述主要是介绍项目的最基本情况，如项目名称、规划范围（四至边界）、项目的用地规模、建设规模、规划设计任务（如产业功能定位研究、用地功能研究、交通规划、市政设施规划、公共服务设施规划、景观规划、城市生态环境规划、城市空间规划、城市设计等）、方案征集的扩大研究范围和研究内容等。

2）项目功能定位

规划任务书中要明确：①项目本身的基本功能定位，如"CBD核心区"、"金融商务区"、"居住区"、"科技研发区"、"高新技术产业区"、"滨水休闲度假区"、"主题公园区"、"文化旅游区"、"工业区"等；②规划区在区域规划中的定位；③在城市（如北京）总体规划中的功能定位（如位于北京"两轴—两带—多中心"的"东部发展带"）。

3）规划目标

征集规划目标也是本区域的发展目标，旨在说明本次规划主要解决的问题和要达到的规划结果，在内容的编制上要言简意赅、简洁清晰。

4）规划区域的现状与自然条件

①区位关系及规划区周边地区介绍；②用地的现状和权属关系；③自然条件（包括气候条件、自然地形地貌、植被情况）；④区域地质条件概述（基本的地质条件、适建的情况、地震断裂带等）；⑤规划区内已经批准且正在建设的项目和已经批准但尚未开始建设的项目的规划和建设情况，以及规划区内拟保留的建筑物的现状（如建筑物的用途、建筑质量、权属关系、建筑面积、层数和建筑高度等）；⑥规划区内的文物保护和历史遗存；⑦规划区的现状交通条件（包括道路系统、轨道交通、公共交通、公共停车场、加油站等）；⑧规划区的现状基础设施（如给水系统、自来水厂、雨水污水等排水系统、污水处理场站、热力供应、燃气供应、电力供应、环境卫生设施）；⑨规划区的河湖水系的情况，水文地质条件（对于滨水区的规划尤为重要）；⑩规划区是否存在污染情况（比如老工业区的土地污染情况）。

5）规划设计依据

（1）总体规划

（2）控制性详细规划

（3）区域产业发展战略

（4）……

6）规划设计原则

规划设计原则要根据项目的具体情况编写。

7）规划条件

（1）上位规划介绍

上位规划介绍应包括功能定位、规划控制性指标、公共服务设施、交通系统、市政设施、河湖水系、绿化系统、地区文物规划等。

（2）征集规划设计条件

方案征集的规划条件应刚性和弹性相结合。尤其是当今城市国际化、现代化加速发展，规划的刚性与现实经济发展的迅速变化之间的矛盾日益突出。比如当前北京正处于国际化、现代化新一轮的加速发展期。加速发展期，也是矛盾集中爆发期，规划引导调控作用一旦不到位，不仅会造成巨大的经济损失，还会引发一些社会矛盾。规划在保持刚性的同时，迫切需要体现适度的弹性，以促进城乡规划在程序合法的前提下，进行方便快捷的局部性调整，以更好地适应经济社会发展的需要。

规划设计方案征集作为规划研究的方法之一，其目的是为了集思广益、开放思维。刚性与弹性相结合的规划条件，可为规划设计机构的研究留下空间，有利于他们去创新和研究。

另外，由于均质化的规划指标体系目前已难以应对多元化的需求。随着经济社会的快速发展，与之相应的规划需求在急剧变化。在城市多元化发展的格局下，社会呈多样化的发展态势，居民由于经济收入、文化价值取向的差异，形成生活个性化，需求多元化。而城市规划仍维持单一、相同的结构模式，依据国家标准配置的"设计规范"等相关法规，对物质空间环境及其服务设施配置进行标准化的限定，不同程度上忽视了物质指标与社会、居民生活空间的实际关系及市场规律的作用。在规划方案征集中可允许规划设计机构在一定的限度内根据其自身的规划方案来论证并提出建设规模、功能配备、规划指标，这对于政府规划部门后期决策是十分有益的。

例如，在某城市功能转化区域的规划设计方案征集中，对征集规划设计条件的建筑高度控制问题作了如下的规定：

> **举例**
>
> "根据2006版街区控规，区域的建筑控制高度以60m为主。设计人可结合周边的城市空间形态和景观环境，在城市景观节点和轨道站点周边地区进行适当提高，从而形成高低错落、形态丰富的城市景观。同时，标志性建筑高度应结合经济性和低碳等要求进行重点研究，突出重要节点建筑的标志性，展现门户地区的城市形象。"

例如，建筑规模作了如下控制：

举例

"总建筑规模控制在400万m²左右……。设计人可根据区域及城市市政、交通等基础设施承载力以及自身的规划方案研究，提出对总建筑规模调整的建议，但须说明理由和依据。"

8）规划设计主要内容及其要求

规划设计的主要内容要详略得当，突出重点，不要眉毛胡子一把抓。应把征集规划研究的重点放在土地利用规划（地区功能定位、产业发展和业态选择、土地开发策略研究）、交通规划（道路系统、公共交通系统、步行系统、交通组织、公共停车场、换乘接驳要求）、地下空间规划（应急避难场所、城市地下空间开发利用、地下轨道交通空间、地下停车库以及人防工程等）、生态环境规划要求（对污染土壤的综合治理与利用研究（如果有），提出生态环境建设措施，提出新增建筑节能减排的要求）、城市设计（公共空间系统、公共空间构成及属性、道路系统设计、环境景观设计、相关设施设计、生态可持续策略、建筑组群分区、建筑高度细分、建筑布局要求、建筑界面设计、重点地区深化设计）、主要经济技术指标的研究上。

例如，某科技园高技术服务区规划设计的主要内容及其要求：

举例

规划设计要求

1. 用地功能布局

1.1 用地功能布局与产业的协调发展

通过对北京市、×××区、科技园区以及用地周边区域产业集聚地区的现状和发展趋势的调查，结合城市规划、区域经济的可持续发展等因素，在空间上细化和落实项目高技术服务业的功能定位，使项目规划更具有鲜明的主题和特色。为今后园区的运营提供可持续发展的动力。

用地功能布局规划：包括规划功能分区和各类用地布局及构成，总体建筑规模及各类建筑规模构成，建设开发强度分析，各地块规划控制指标等。

1.2 用地功能布局及其与周边地区的协调发展

项目紧邻×××以及园区二期建设的总部基地等重要功能区，本次规划需广泛考虑用地周边关系对本用地功能布局的影响。

1.3 规划与策划并重

本次规划一个重要的方面是本地区如何通过正确的项目类型选取而达到实现园区社会经济发展目标、招商引资、落实项目的产业功能定位的目的。城市空间形态的规划设计要与未来的产业发展和项目策划并重，应对土地使用功能做出更为详尽的研究和安排，具体论证细分的土地使用功能在未来如何引导项目实施。

1.4 建设时序规划

分析该地区适宜的土地使用功能和建设强度，提出土地分期分区开发策略，提出土地上市时序以及用地内产业项目的发展次序，道路、市政设施、环境改造利用与项目引进建设的衔接等。在考虑园区土地一级开发收支平衡的基础上，提出与二级土地开发的对接建议，兼顾近期的开发收益和后期的财税收益。

2. 交通规划要求

规划贯彻可持续发展和"以人为本"的理念，提倡以绿色交通系统为主导的交通发展模式，提升公共交通和慢行交通的出行比例，创建低能耗、低污染、低占地、高效率、高服务的交通模式。

三期项目规划机动车道路系统和慢行道路系统，其中高密度的慢行道路系统应串联大部分产业和公共设施，结合绿地系统营造环境宜人的慢行空间，使慢行方式逐步成为园区出行首选，实现人车友好分离、机非友好分离和动静友好分离。

建立与城市"轨道交通、公交骨干线、公交支线"三级公交服务体系有效链接，为园区提供高可达性的公交服务。

2.1 根据规划功能定位和建设规模进行交通需求预测。

2.2 对园区现状交通系统进行调查与分析，找出存在的问题，提出改进的建议。

2.3 对园区内、外道路网条件，区域内道路与外部主干道、城市快速路的衔接条件、疏解能力及效率进行定性和定量分析，论证园区所能承载的功能和建设规模。

2.4 提出园区对外的交通衔接和交通组织方案、园区内部道路系统和交通组织方案，以及对已有道路的改造方案。

2.5 提高公共交通整体服务水平，在各层次公交系统间建立良好的衔接，促进系统协同，充分利用轨道交通建立高效的接驳方式。

2.6 近期交通建设安排。

3. 市政规划

3.1 按照创建资源节约环境友好型园区的规划原则，在园区建设一系列先进的基础设施保障系统，明确市政设施的设置内容、用地、建筑规模以及布局位置。

3.2 鼓励理念创新，积极推广新能源技术，加强能源梯级利用，促进能源节约，提高能源利用效率，构建安全、高效、可持续的能源供应体系。

3.3 充分应用建筑节能技术，园区内建筑全部按照绿色建筑标准建设。

3.4 积极应用热泵回收余热、热电冷三联供以及路面太阳能收集等技术并合理耦合，实现对能源的综合利用。

3.5 以节水为核心，注重水资源的优化配置和循环利用，建立广泛的雨水收集和污水回用系统，实施污水集中处理和污水资源化利用。

3.6 建立科学合理的供水结构，实行分质供水，减少对传统水资源的需求。建立水体循环利用体系，加强水生态修复与重建，合理收集利用雨水，加强地表水源涵养，建设良好的水生态环境。

3.7 建立固体废物分类收集、综合处理与循环利用体系，推进再生资源综合利用产业化。

4. 应急避难场所

依据因地制宜、就近布局、平灾结合、安全性、快速通畅、多灾种利用的原则，按照用地面积标准、人均用地（综合）标准、服务半径、配套建设要求、选址要求、对周转建筑要求、对疏散道路设置要求、对所有权人（管理人）要求等，规划设计避难场所。

5. 地下空间开发利用

5.1 综合利用地下停车库以及人防工程

对园区内的地下空间进行梳理、整合规划，利用规划控制的引导办法，连通各地下车库，形成地下交通走廊，实现停车资源共享，灵活调配。地下空间与公共场所垂直交通之间应尽可能减少高差和步行距离，建立顺畅的流线和舒适的地下空间环境，最大程度体现人性化设计。人防工程应充分考虑平战结合，合理利用，统一纳入地下空间系统规划中来。

5.2 统筹考虑地下空间功能布局与地面用地布局

应将地下空间功能布局与地面用地布局的统筹考虑，既要考虑各个建筑地面用地功能与其地下空间的功能衔接，又要考虑地下空间作为一个整体的功能布局，建立一个布局合理、高效利用的多维立体复合空间，最大限度发挥土地资源的效用。

5.3 强化轨道交通站点和地区地下空间的联系

规划M9号线沿万寿路南延方向，设有"科技园站"。综合开发轨道交通站点和周边地块的地下空间，结合地区公共空间规划，细化建筑功能，合理引导人流，促进地区活力。

6. 主要经济技术指标

应针对各功能的用地，给出各项用地经济技术指标。其中包括但不限于：

（1）用地平衡表：用表格的形式说明本次设计用地的分配情况。

（2）经济技术指标表：用表格的形式说明本次设计用地中每一地块中的用地面积、建筑面积、容积率、绿地率、建筑密度、建筑高度、层数和停车数量，并在表格中进行汇总。

举例：城市设计的主要内容及要求通常包括：

举例

1. 公共空间系统

根据地区功能定位、整体空间结构，选取对地区品质具有较大影响的公共空间进行梳理，加强公共空间的关联性，形成地区公共空间系统，作为下一步系统地设计公共空间和建筑的依据和引导。

2. 公共空间构成及属性

明确公共空间系统的具体用地构成，结合区域功能定位及自身空间特点确定各类公共空间的属性，包括绿地、广场、水域的功能细化、空间形态、建设地块内公共空间的开放性等。

3. 道路系统设计

明确地区道路的类型，对道路交通组织、交叉口形式、断面设计、人行及过街通道、公交站点、停车场地等要素提出控制性要求。梳理地区慢行系统，创造富有特色的园区街道空间。

4. 环境景观设计

针对重要公共空间进行环境景观的细化设计引导，包括绿化配置、道路形式、地面铺装、夜景照明、滨水岸线、公共艺术品、广告标牌、导向标识等。

5. 相关设施设计

针对重要公共空间进行设施配置与设计引导，包括公共服务设施、交通设施、市政设施、安全设施、无障碍设施等。对各项设施的布局、形态和功能提出具体要求。

6. 生态可持续策略

结合地区产业定位和发展方向，针对能源集约利用、低碳排放体系的建立和绿色建筑设计等提出相应的策略和评价指标体系，促进地区的低碳化，可持续发展。

7. 建筑组群分区

以地区控制性详细规划为基础，针对建筑群体进行分区控制与引导，包括建筑功能分区、高度分区、体量分区、色彩分区等。

8. 建筑高度细分

根据地区整体空间结构、选取对地区品质具有较大影响的建筑空间，以地块控制性详细规划确定的建筑控制高度为基础，进行高度细化设计，包括标志物、视觉通廊的位置及相关要求，建筑主体、裙房、临街檐口的高度控制要求等。

9. 建筑布局要求

根据地区整体空间结构，对重要地块的建筑布局进行控制与引导，形成良好的城市空间肌理，包括建筑退线、贴线、建筑主体及地下空间的布局方式、建筑与公共空间的衔接要求等。

10. 建筑界面设计

根据公共空间的构成及属性，选取对地区品质具有较大影响的建筑界面进行分类控制与引导，包括对建筑底层空间、主体立面、屋顶形式、建筑附属物等的设计，主要控制建筑界面的形式、材质、色彩、窗墙比、出入口等。

11. 重点地区深化设计

结合具体规划方案，对地区重要公共空间节点进行深化设计，提出意向性方案，包括地铁九号线站点周边地块、现状汽车博物馆周边地块、临西环路地块等。

12. 开发建设时序

提出规划实施中重要的和具有控制性的工程建设项目建议，实施的时序安排和相应的政策措施。

13. 研究报告（由中选设计人提供）

研究报告应对现状分析、存在的问题和潜力、需求和目标、设计原理和原则、设计对策和导则、开发策略、土地出让管理控制设想等内容进行详述。

14. 实施措施（由中选设计人提供）

编制指导纲要，编制设计政策，编制设计条件与参数，制定实施工具。

15. 城市设计导则（由中选设计人提供）

9）规划设计成果要求

（1）设计成果的编制深度要求（如设计图纸、设计说明的编制深度）；

（2）设计成果的形式（如设计文册、设计图纸展板、规划或建筑模型、多媒体演示电子文件、动画片、三维电子模型等）。

例如，某城市功能区的规划设计方案征集成果的格式要求如下：

举例

1. 设计文册

设计文册（A3版面）：设计文册一式16份，1份正本，15份副本，包括说明文本、经济技术指标表以及缩印成A3版面的设计图纸。图纸部分应包括所有的图纸，比例可根据图册排版情况自定。

2. 图纸展板

主要的设计图纸须裱在A0尺寸的轻质展板上。图纸展板总数不少于20张，不超过30张。同一展板上可展示数张图纸，也可将数张展板拼接展示一张图纸。在每张图纸展板的右下角用阿拉伯数字编号排序。规划和城市设计的图纸，应裱于展板上，并可根据展板的尺寸进行缩放调整。展板不得出现能够识别应征人身份的任何标识。

3. 模型

模型的范围详见模型制作范围图，模型的比例1：1500，模型底座的尺寸4.2m×2.5m（至少分成两块，便于运输、拼装）。

4. 电子文件

电子文件主要包括以下三方面内容：

（1）应征人须提供与其所递交的设计文册及图纸内容一致的电子文件，其中文本文件使用doc格式（Office系列），演示或介绍文件使用ppt格式（Office系列），图纸使用dwg格式（Auto

CAD系列），并需提供在dwg格式文件中使用的非Auto CAD自带字库中的字体的字库文件，透视图或鸟瞰图使用jpg和3ds Max格式，图像文件的长边不小于4000pixels，采用最高质量压缩。中文字体应在微软FONTS字库中选择。此次方案征集不接受PDF格式文件。

（2）应征人须提供多媒体演示电子文档，使用DVD、VCD或PPT格式，演示时间为20～30分钟。演示文档应配以中文字幕和语音解说，可配背景音乐；演示文档应无应征人的任何标志。多媒体演示应涵盖上述文字、图纸成果的要点内容，并以生动、形象的方式展现。具体内容可由应征人自行编排。

（3）应征人须提供三维电子模型文件，使用3ds Max格式。

以上电子文件要求提供一式3套（光盘），在递交设计成果的同时提交。

10）附件、附图

为提高应征人的效率，减少无效劳动，避免应征人在数据调查时出现偏差，主办单位在征集文件及其附件中应尽可能为应征人提供充分、完善的设计基础资料、图纸和数据。

（三）规划设计服务建议书征集纲要

规划设计服务建议书（以下简称"服务建议书"）是规划设计方案征集中应征人须递交的应征商务文件。服务建议书是应征人向主办单位提出的规划设计服务之要约的一部分，它将作为主办单位与应征人进行合同谈判及选择确定项目规划设计单位的依据之一。

服务建议书征集纲要（以下简称"征集纲要"）中应包括合同条件和合同格式，其中合同条件应明确合同双方的权利和义务、风险和责任，以便应征人在编制服务建议书时给予充分考虑。征集纲要中所包括的合同条件是未来规划设计合同订立的基础，双方在签订合同时可通过协商对其中的非实质性条款进行适当修改。

编写征集纲要时要注意以下三点：一是纲要中的合同条件应基于得到广泛认可的合同条件；二是合同条件应以主办单位和应征人公平地分担责任和风险为原则；三是尽量使用合同范本编写合同条件。

（四）征集文件论证

征集文件是进行方案规划设计的依据和基础。为使应征人能够有的放矢地进行规划研究和设计，主办单位在编制过程中视情况要征询规划、交通、环保、文物、绿化、市政等行政管理部门的意见以及土地权属单位的意见，同时要组织专家对征集文件进行论证，在此基础上进行修改和完善，使应征方案更具有可操作性和可实施性。

（五）征集文件的翻译

规划设计方案国际征集应考虑其国际性，因此征集文件除使用中文书写外，至少应翻译成一种国际建协的正式工作语言（英语、法语、俄语、西班牙语）。因此，征集文件的翻译工作十分重要，应给予足够重视。首先要注意译文措辞的确切、正确，要忠实于其原意，译文与原文所表达的信息要"等值"，否则会造成误译，引起歧义。其次，译文中措辞要精确恰当，术语要专业，避免因词意不确定、多义而引起误解。再次，句子结构要严谨，尽量少用省略句，以防出现歧义。最后文体要规范。

同时应在征集文件规定当中文和英语（或法语、俄语、西班牙语）两种语言的意思表达不一致时，应以中文为准。

第四章 ▪ 案例介绍

北京商务中心区（CBD）规划方案征集

【摘要】2000年，北京市政府为把北京CBD真正建成国际一流的商务中心区，决定采用规划方案国际征集的方式，邀请来自中国、美国、德国、荷兰、日本等国的8家规划设计机构参加征集，借鉴国际上经济发达、城市化水平较高国家的CBD规划建设经验来科学制定北京商务中心区的规划。此次征集旨在吸取发达国家城市化过程中的经验教训，借鉴其城市建设中一些先进的理念与做法。参加此次方案征集的国内外规划设计单位表现了相当的实力，规划方案中许多先进的理念代表了国际上的先进思想。这些思想为北京CBD真正建成国际一流的商务中心区奠定了良好的基础。最终的规划方案是在总结了8个应征方案的规划思路和广泛地听取了专家和社会公众意见的基础上，结合商务中心区现状编制而成。

一、征集背景

全球经济一体化使国与国之间、地区与地区之间的经济联系进一步增强。商务中心区（CBD）已成为许多知名的国际化大都市的重要标志，它标志着一个城市的经济开放程度，象征着一个城市的经济实力。建设北京CBD，是首都向国际化大都市迈进的重要举措。1993年北京市总体规划确定了商务中心区（CBD），其位置在朝阳区东三环路与建国门外大街相交的地区，该区距北京旧城中心约5.8公里，总用地面积约4平方公里，东三环路和建国门外大街将其分成东北、西北、西南、东南四个区。通过几年的规划与建设，该地区已聚集了以中国国际贸易中心和京广中心为代表的一批商务办公设施，但大部分用地仍为待搬迁的工业企业、危旧房和普通住宅。为了提高北京CBD规划建设的整体水平，经北京市政府批准，北京市规划委员会协助北京市商务中心区建设管理办公室进行了北京商务中心区规划设计方案征集活动。

本次征集的目的在于：通过对北京商务中心区的功能构成、布局形态、交通组织及城市设计的深化研究，提出框架性的规划构思理念，为编制该地区的控制性详细规划提供依据。

CBD的规划功能以商务办公为主，兼有酒店、公寓、会展、文化娱乐及商业服务配套设施功能。其中商务办公建筑面积占总建筑规模的50%左右，公寓面积占25%左右，其他功能建筑面积占25%左右。建筑容量控制方面，通过对该地区土地开发强度、交通影响及环境质量等因素的综合分析研究，北京商务中心区的总建筑规模控制在1000万m²左右（其中保留建筑约310万m²）。对于建筑高度，由于该地区处于北京旧城以外，建筑高度控制可适当放宽，一般建筑高度控制为100m，部分地区及标志性建筑可依据城市空间形态及景观设计的要求达到100m以上。

二、征集过程

此次方案征集采用邀请征集的方式，共邀请了国内外8家设计机构：分别是上海市城市规划设计研究院、北京市城市规划设计研究院、美国SOM公司、德国GMP公司、美国Johnson Fain Partners公司、荷兰Kuirer Compagnons公司、日本株式会社都市环境研究所、美国NBBJ公司。

2000年12月15日，CBD办公室召开了北京CBD规划设计方案征集发布会，发出征集文件，正式启动商务中心区的规划工作。

经过三个多月的设计，至2001年4月5日，8家设计机构按时递交了规划设计成果。

2001年4月6日至8日，由刘太格（新加坡）、Hrbert S. Levinso（美国）、Xavier Menu（法国）、卢伟民（美国）、单霁翔、李道增、宣祥鎏、何玉如、吴明伟、马林、王富海等11名评委组成的规划方案评审委员会对8家设计机构提交的规划设计方案进行了详细认真的评审。经评审，美国Johnson Fain Partners公司的方案获一等奖，日本株式会社都市环境研究所的方案获二等奖，美国SOM公司的方案获三等奖。

评审结束后，主办单位在相关的网站上公布了方案评审的结果和所有参加征集的方案，广泛征求社会各界的意见。与此同时，商务区办公室先后几次组织专家咨询会，邀请了不同领域、不同国家的几十名专家，对CBD规划方案综合进行了咨询和论证。

征集活动结束后，CBD办公室会同北京市规划委员会、北京市城市规划设计研究院等部门，在总结8个规划方案的先进理念和方案特点，广泛听取专家和社会公众意见的基础上，借鉴国内外商务中心区的成功经验，结合北京商务中心区的实际情况，进行了规划综合。

三、获奖方案介绍

1. 美国Johnson Fain Partners公司的方案（一等奖）

该方案总结了北京市规划的8项历史特点，以此作为设计基础，方案特点：强烈的几何形规划构图，强调景观轴线，大街坊开发，穿越街坊的行人步道（胡同），日照等自然条件的运用，主题式的开放空间，互相连通的水系。同时，归纳了全球性城市规划的8个趋势，作为设计参考，即：信息时代对基础设施的要求；人性化环境的建立；可为各种投资者提供多重选择；强调公共活动空间的发展；强调整体设计；坚持可持续发展；公共交通第一；"小就是美"（即提供及鼓励各阶段企业开发机会）。

2. 日本株式会社都市环境研究所的方案（二等奖）

该方案总结世界各国CBD区建设经验，以"世纪CBD"为目

美国Johnson Fain Partners公司方案模型

日本株式会社都市环境研究所方案模型

美国SOM公司方案模型

标，发展北京城市结构，形成具有金融、贸易、信息、文化、居住等复合功能的商务中心区。方案沿都市轴构筑四个核心区，构成明快的城市空间；完善公共交通网，建议引进4条相互联系的轨道交通，支撑区域交通需求，同时注重道路交通系统与用地布局的结合；重视沿道路和沿河的景观设计，建设优质环境空间；考虑开发建设的可实施性，对分期开发建设作了细致的规划设计。

3. 美国SOM公司的方案（三等奖）

该方案提出"着眼21世纪的国际大都会，创造北京新地标"的规划理念。规划了一个空中绿化走廊以加强商务区两侧的联系，形成了一条增加活力的商业零售带。中高层建筑较为集中布置，建筑形体及空间设计比较精致。为适应市场推进的机制，持续发展，逐步实现CBD的价值，核心区规模较小，近期较易实现，发展空间较大。开发空间规模不同，为不同规模的公司立足CBD创造条件。采用小尺度道路网格，易于创造人性化的空间，有利于地块的开发，引导建筑风格的多样化。

四、经验和启示

在2000年对于中央商务区（CBD）的规划编制类型国内的规划设计机构尚无成熟的规划设计经验。要建设一流的CBD，树立国际化都市的整体空间形象，必须对现实情况和规划目标有足够清醒的认识，以避免国际中心城区发展的弊端。北京市政府采用规划方案国际征集的规划研究方式，集思广益，借鉴了国际上CBD的规划建设经验来科学制定商务中心区的规划，为将北京CBD真正建成国际一流的商务中心区奠定了良好的基础。

邀请参加此次方案征集的规划设计单位均具有相当的实力，方案中的许多规划理念代表了国际上的先进思想，这些思想无论对CBD的建设还是对北京其他地区的规划建设都具有可贵的借鉴意义。最终的规划方案是在总结8个应征方案的规划思路和广泛听取了专家和社会公众意见的基础上，结合商务中心区现状编制而成，它既具有国际性，又具有较强的可实施性和经济合理性。

北京奥林匹克公园规划设计方案征集

【摘要】第29届奥运会是举世瞩目的盛会，奥林匹克公园作为奥运会设施集中建设场地，其规划和建设同样会受到全世界的关注。经北京市政府和第29届奥运会组委会授权，北京市规划委员会采用国际竞争性公开征集的方式，征集奥林匹克公园规划的思路和概念，选择规划设计团队。这种完全竞争性的公开征集方式，不限定应征人的数量，是一次面向全球各个国家所有规划和建筑设计机构的开放竞赛。本次征集受到了国内外规划建筑界的广泛关注，提交报名资料的规划设计单位百余家，最终收到有效的应征规划设计方案55个。经评审专家委员会的评审，选出一等奖1名，二等奖2名，优秀奖5名。采用完全竞争性公开征集的方式选择奥林匹克公园规划方案和这一举世瞩目项目的规划设计单位是完全正确的，它向全世界展示了公开、公平、公正的阳光奥运建设原则和北京国际大都市的开放胸怀。

一、征集背景

2001年7月13日北京时间22：00，万众瞩目的2008年夏季奥运会举办城市终于在莫斯科国际奥委会第112次全会中揭晓。北京在五个2008年奥运会申办城市中脱颖而出，夺得2008年奥运会主办权。自北京赢得2008年奥运会主办权以来，北京奥运会各项设施建设的筹备工作便成为人们关注的焦点。这次奥运会拟在北京建设32个体育场馆，其中13个集中在规划的奥林匹克公园，包括主体育场、主体育馆、游泳中心等。为了落实"绿色奥运、科技奥运、人文奥运"的奥运理念，举办一届世界瞩目的超水平奥运盛会，2002年3月至7月，经北京市人民政府和第29届奥运会组委会授权，北京市规划委员会组织了北京奥林匹克公园的规划设计方案的国际公开征集活动。这次活动不仅是举办城市的一次盛会，也是国际规划和建筑界的盛事。

奥林匹克公园位于北京市区北部，城市中轴线的北端。规划总用地约1135hm²。其中，奥运中心区用地约405hm²，森林公园约680hm²，其他用地约50hm²。在奥运中心区的建设用地中，拟安排总建筑规模约216万m²的设施。其中包括8~10万个坐席的国家体育场，1.8万个坐席的国家体育馆，1.5万个坐席的国家游泳中心，以及附属设施约40万m²、文化设施约20万m²、会展博览设施约40万m²、运动员公寓约36万m²、商业服务设施（商店、酒店、商务办公、娱乐等）约80万m²。

征集规划设计的内容主要包括景观规划、总体布局、分期建设概念规划、交通规划、市政概念规划及地下空间规划等。规划目标是使之成为集体育、文化、展览、休闲、观光旅游于一体，并有配套商业、酒店、会议等服务设施的多功能区域，以及充满活力、受市民喜爱的城市公共活动中心。

二、征集过程和组织特点

（一）征集过程

2002年3月31日，主办单位组织了新闻发布会，通过网站、新闻媒体、各国驻华使馆、各国际组织驻京办事处等多种渠道，广泛发布方案征集的有关信息。

报名和征集书发售工作于2002年4月2日开始，4月15日截止。4月22日至23日，北京市规划委员会组织了奥林匹克公园项目的现场踏勘，之后进行了征集答疑。

应征文件递交的截止时间是2002年7月2日17：00，至截止时间止，在北京市公证处的监督下，共收到有效的应征规划设计方案55个，其中境内规划设计机构提交的规划方案22个，境外规划设计机构提交的规划方案23个，由中外规划设计机构组成的应征联合体提交的规划方案10个，应征的规划设计机构来自中国、美国、澳大利亚、德国、法国、日本、马来西亚、新加坡、瑞士、希腊、俄罗斯、英国、意大利等国家。

7月3日至10日，由技术工作小组对应征的规划设计方案进行了初步技术审核。7月11日至14日，由楼大鹏（奥组委）、平永泉（奥组委）、Jim Sloman（国际奥委会推荐专家，澳大利亚）、Kris Johnson（澳大利亚）、矶碕新（日本）、刘太格（新加坡）、Xavier menu（法国）、Kristin Feireiss（德国）、卢伟民（美国）、宣祥鎏、吴良镛、齐康和王富海组成的方案评审委员会对方案进行了评审，选出一等奖1名，二等奖2名，优秀奖5名。

应征方案的评审工作结束后，主办单位向社会各界公布了评审的结果，并于7月16日至24日在北京国际会议中心对参加征集的所有规划方案进行公开展示，广泛征询社会各界的意见并组织公众投票，希望多听听公众的声音，多听听普通人的声音，为后续的方案修改和优化提供依据。

2002年8月7日至10日，国际奥委会协调委员会对北京的奥运会筹备工作进行了视察，认为北京2008年奥运会奥林匹克公园等主要设施的规划面向国际征集方案，不仅是奥运会的亮点，也给中国体育、经济和社会发展留下了一份独特而永久的遗产。

（二）征集组织特点

此次方案征集参考了联合国教科文组织（UNESCO）制定的《建筑与城市规划国际竞赛标准规则》（Standard Regulations for International Competitions in Architecture and Town Planning）（以下简称"竞赛规则"），国际建筑师协会（UIA）针对上述标准规则编制的标准注释及建议细则（以下简称"竞赛细则"），具有如下特点：

1. 竞争的充分性

本次征集面向全球，是一次对国内外所有的规划和建筑设计机构开放的竞赛。此次方案征集不限定应征规划设计机构的数量，只要符合报名条件的规划设计机构均可报名参加征集，递交应征规划设计方案。因此，这次征集活动得到了境内外规划设计单位的广泛关注与响应，征集公告发出后，收到了来自世界十几个国家和地区的177家单位的报名资料。至方案递交的截止时间，共收到有效应征规划设计方案55个。

2. 评委的广泛性

此次征集的评审工作安排在7月11日至14日。 评审委员会由13名委员组成，包括第29届奥运会组织委员会的代表，境内外著名的规划设计专家、学者和熟悉奥运会组织运行的运营专家等。此次规划设计方案评审委员会成员名单在评审之前就进行了公布，这一做法符合国际规划和建筑设计竞赛的组织惯例，也充分体现了公开、公平、公正的"三公原则"，得到了应征规划设计单位和社会各界的认可。来自不同国家，代表不同文化的评委为本次方案评审的公允性和国际化奠定了基础。

3. 组织过程的公开性

本次规划设计方案征集从征集公告的发布到应征报名、现场踏勘和答疑会、征集文件的澄清、应征规划设计文件的递交和接收情况、评审委员会的组成、评审的结果等工作过程和工作结果都通过各类媒体和指定的网站（北京规划委的网站）向全社会公开，并接受社会各界的监督。为了使社会各界能够及时地了解征集的动态，北京市政府、第29届奥运会组委会、北京市规划委还适时地召开新闻发布会，向社会各界介绍了征集活动的情况，倾听社会各界的意见。

4. 程序的公正性

为了保证本次征集活动的公开、公平、公正，整个征集活动专门聘请了北京市公证处对征集报名、应征设计方案的递交、方案评审等组织过程进行公证和监督。

5. 社会监督的有效性

北京奥林匹克公园规划设计方案征集自公告发出后受到了全球的关注，世界各地的各大媒体纷纷报道，网友积极发表评价。为了使社会各界能够及时准确地了解征集的组织进展情况，经北京市人民政府和第29届奥委会组委会授权，北京市规划委员会适时地将征集情况以新闻通稿的形式向社会各界和新闻媒体通报，并主动倾听社会各界的意见，接受社会各界的监督。

同时，于7月16日至24日在北京国际会议中心对所有参加征集的方案进行公开展示，广泛征询社会各界的意见并组织公众投票。

三、获奖方案介绍

一等奖1个：美国Sasaki Associates，Inc.与天津华汇工程建筑设计公司合作的方案。

评委评述：

方案布局特点：体育场馆、会展设施、文化和商业设施位于中轴线两侧，中轴线规划为景观大道，轴线东侧水系从森林公园向南延伸至现状国家奥林匹克体育中心。

该方案整体性较强，功能分区明确，中轴线的处理刚柔并济，富有创意，绿化、水体和建筑的空间关系灵活。较好地体现了生态、环保的概念，山形水系和现状森林公园有机衔接。各种功能相对集

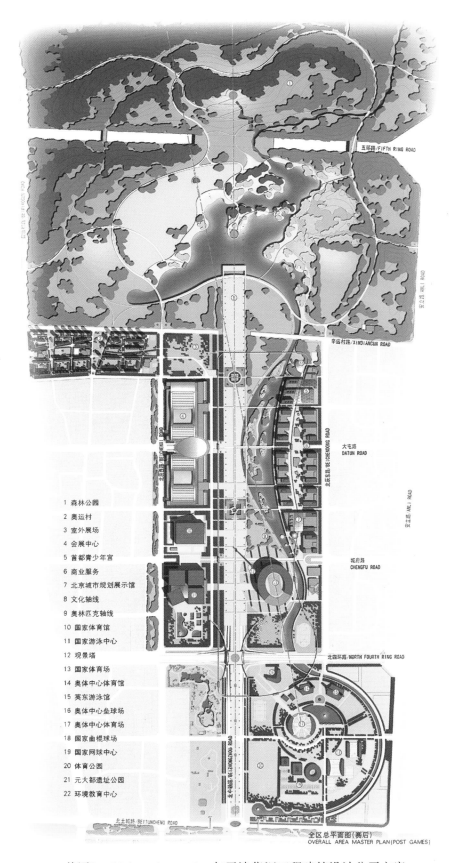

1 森林公园
2 奥运村
3 室外展场
4 会展中心
5 首都青少年宫
6 商业服务
7 北京城市规划展示馆
8 文化轴线
9 奥林匹克轴线
10 国家体育馆
11 国家游泳中心
12 观景塔
13 国家体育场
14 奥体中心体育馆
15 英东游泳馆
16 奥体中心垒球场
17 奥体中心体育场
18 国家曲棍球场
19 国家网球中心
20 体育公园
21 元大都遗址公园
22 环境教育中心

全区总平面图(赛后)
OVERALL AREA MASTER PLAN(POST GAMES)

美国Sasaki Associates，Inc.与天津华汇工程建筑设计公司方案

中，有利于赛事组织，便于赛后分期实施，并为单体建筑的设计提供了余地。

不足之处是水系的形状略显具象，需进一步研究挖掘深层的文化内涵，考虑增加地标性建筑物或构筑物，进一步丰富中轴线的景观设计内容，并注意研究人在空间中实际感受到的尺度。

二等奖2个：
北京市城市规划设计研究院与澳大利亚DEMAUST Pty有限公司合作的方案；日本株式会社佐藤综合计画的方案。

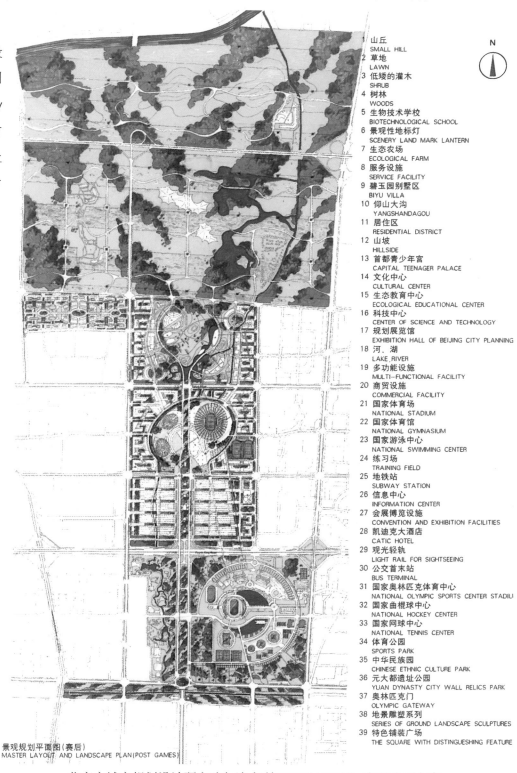

1 山丘
  SMALL HILL
2 草地
  LAWN
3 低矮的灌木
  SHRUB
4 树林
  WOODS
5 生物技术学校
  BIOTECHNOLOGICAL SCHOOL
6 景观性地标灯
  SCENERY LAND MARK LANTERN
7 生态农场
  ECOLOGICAL FARM
8 服务设施
  SERVICE FACILITY
9 碧玉园别墅区
  BIYU VILLA
10 仰山大沟
   YANGSHANDAGOU
11 居住区
   RESIDENTIAL DISTRICT
12 山坡
   HILLSIDE
13 首都青少年宫
   CAPITAL TEENAGER PALACE
14 文化中心
   CULTURAL CENTER
15 生态教育中心
   ECOLOGICAL EDUCATIONAL CENTER
16 科技中心
   CENTER OF SCIENCE AND TECHNOLOGY
17 规划展览馆
   EXHIBITION HALL OF BEIJING CITY PLANNING
18 河，湖
   LAKE，RIVER
19 多功能设施
   MULTI-FUNCTIONAL FACILITY
20 商贸设施
   COMMERCIAL FACILITY
21 国家体育场
   NATIONAL STADIUM
22 国家体育馆
   NATIONAL GYMNASIUM
23 国家游泳中心
   NATIONAL SWIMMING CENTER
24 练习场
   TRAINING FIELD
25 地铁站
   SUBWAY STATION
26 信息中心
   INFORMATION CENTER
27 会展博览设施
   CONVENTION AND EXHIBITION FACILITIES
28 凯迪克大酒店
   CATIC HOTEL
29 观光轻轨
   LIGHT RAIL FOR SIGHTSEEING
30 公交首末站
   BUS TERMINAL
31 国家奥林匹克体育中心
   NATIONAL OLYMPIC SPORTS CENTER STADIU
32 国家曲棍球中心
   NATIONAL HOCKEY CENTER
33 国家网球中心
   NATIONAL TENNIS CENTER
34 体育公园
   SPORTS PARK
35 中华民族园
   CHINESE ETHNIC CULTURE PARK
36 元大都遗址公园
   YUAN DYNASTY CITY WALL RELICS PARK
37 奥林匹克门
   OLYMPIC GATEWAY
38 地景雕塑系列
   SERIES OF GROUND LANDSCAPE SCULPTURES
39 特色铺装广场
   THE SQUARE WITH DISTINGUESHING FEATURE

景观规划平面图（赛后）
MASTER LAYOUT AND LANDSCAPE PLAN(POST GAMES)

北京市城市规划设计研究院与澳大利亚DEMAUST Pty有限公司方案

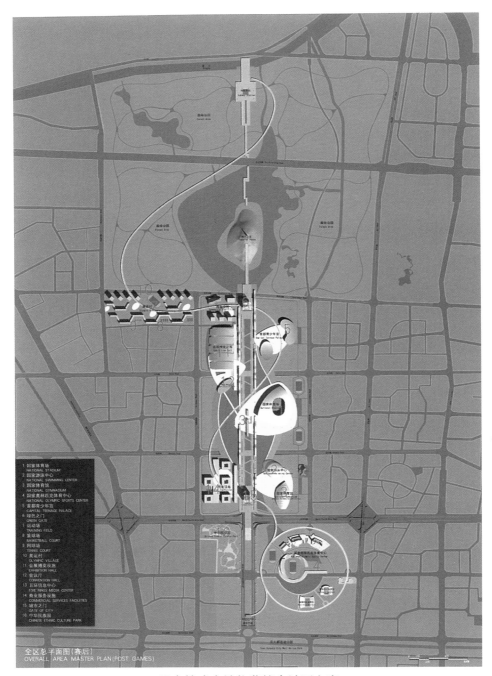

日本株式会社佐藤综合计画方案

　　优秀奖5个：北京大学城市规划设计中心和北京大学景观规划设计中心合作的方案，德国HWP公司的方案，法国AREP公司的方案，北京市建筑设计研究院和美国EDSA规划设计公司及交通部规划研究院合作的方案，总装备部工程设计研究总院和哈尔滨工业大学天作建筑研究所合作的方案。

四、经验和启示

　　奥林匹克公园作为奥运会设施集中建设场地，其规划和建设同样受到了全世界的关注。采用国际竞争性公开征集的方式，征集奥林匹克公园规划的思路和概念，选择规划设计团队是完全正确的，它向全世界展示了公开、公平、公正的阳光奥运建设原则和北京国际大都市的开放胸怀。但这种征集方式，也是所需人力最多、费用最高、花费工作时间最长的征集方式。由于竞争激烈，程序复杂，组织征集和参加应征需要做的准备工作和需要处理的实际事务比较多，特别是编制、审查有关征集文件和应征的规划设计方案的工作量十分浩繁。它的优点主要是：有利于开展真正意义上的充分竞争，最充分地展示公开、公正、公平竞争的原则，防止和克服垄断，在更大的范围内选择方案。本次征集的方案来自十几个国家的规划设计单位，不同的文化背景以及设计者自身的哲学底蕴、思维模式和专业经验在方案的设计理念和设计手法上得到了反映，几十个方案构思各有特点，风格截然不同，这些风格各异的方案开拓了主办方的规划设计思路，同时也为主办方提供了更加多样化的选择。它的缺点主要是：参加竞争的规划设计单位越多，每个参加者获奖的几率将越小，白白损失准备应征规划设计方案的费用的风险也越大，对于影响力低的项目规划设计单位不愿参加。主办方审查应征人的资格、应征规划设计方案的工作量比较大，耗费的时间长，征集费用支出也比较多。

案例3

"亦庄线次渠——亦庄火车站及周边地区" 国际方案征集

　　【摘要】2007年，北京市大力推进轨道交通"保四争六"六条线路，为贯彻北京市委市政府关于轨道交通建设带动新城发展，带动重点城市功能区建设的指示精神，科学论证轨道交通为核心的TOD发展模式，车站及周边的综合开发利用方式，以提高轨道交通和周边土地的综合效益，由北京市规划委员会组织了"亦庄线次渠——亦庄火车站及周边地区"的规划方案国际征集。此次征集通过集思广益的研究，得到很多优秀的方案，获取了许多轨道交通区域规划的先进理念、技术和方法。征集方案针对建立以轨道交通为核心的TOD发展模式，优化功能配置和空间布局，推进资源节约以及缓解交通拥堵状况等方面提出的建设性的意见和思路为后续的规划编制开拓了思路。

一、征集背景

随着社会经济和交通需求的不断发展，建设具有大、中运量的快速轨道交通已成为我国大城市目前和未来发展的一项重大战略。北京作为国家的首都、文化名城，在向国际城市和宜居城市的发展过程中，其城市的可持续发展和交通问题的解决，都期待着轨道交通能在大城市综合交通体系中发挥更大的作用。

2005年，北京市规划院编制了《亦庄新城规划（2005～2020年）》，并于2007年1月获得北京市政府批复，新城规划确定了"两带＋七片＋多中心"的组团网格式空间结构。

亦庄新城规划空间结构图

亦庄线次渠——亦庄火车站及周边地区的地位十分特殊：第一，贯穿北京东部发展带的市郊铁路S6线，连接了顺义、通州、亦庄、密云、怀柔，亦庄正好处于东部发展带与京津走廊之间一个汇聚的节点，是北京面向区域的桥头堡，开发建设亦庄站前综合区具有很重要的战略意义。第二，京津城际高速铁路于2008年建成通车，与轨道交通亦庄线（L2线）和S6线在亦庄火车站形成换乘，在此形成城际高速铁路、城市轨道交通与市郊铁路多种轨道交通交会的重要交通枢纽。第三，亦庄新城站前综合区现状基本上是一片空地，周围都是一些待建设区，拆迁量少，可用于新建的空间比较大。第四，从建设时序上看，京津城际轨道是在2008年建成通车；亦庄轨道交通建设是"保四争六"的项目，目标是在2010年建成通车；亦庄站前综合区是近期重点新城的重点发展区域。综合上述四方面原因，北京市规划委员会为实现轨道交通与土地利用的协调发展，实现北京城市总体规划赋予亦庄新城的重要职能，决定采取国际公开征集的方式对该规划区的功能布局、空间形态、交通组织方式、交通系统以及站区地下空间的综合开发利用进行开放式的研究，吸收国内外先进的和成熟的交通规划设计理念和方法，探索科学合理的开发建设思路。

方案征集范围以轨道交通亦庄线（L2线）垡渠站、次渠站及亦庄火车站三个轨道站点周边800～1000m范围用地为主，总用地面积约472hm²。其中，重点区域为次渠——亦庄火车站的"两站一街"，用地面积约1313hm²，是新城未来面向区域的综合服务区，是新城的重要形象区。

征集目的：

第一，通过规划创新和深入设计，优化区域功能布局，强化两站的功能定位，提升区域的交通条件、服务功能和环境品质，建立以轨道交通为核心的TOD发展模式，促进车站及周边的综合开发利用。第二，加强车站、车站区间及周边地区的协调整合，促进土地的集约高效利用和空间的综合开发，提高轨道交通和周边土地的综合效益。通过引进先进的设计理念，创造以人为本的，安全、便捷、舒适、高效的公共交通条件，创造良好的换乘环境。第三，通过科学的交通和经济技术评价，确定合理的开发建设规模，并为安排保障性住宅提供条件，创造人性化的城市空间和交通环境。第四，通过提出建设时序和相关保障措施的建议，确保规划方案的可实施性，并为规划管理提供科学依据。

规划设计要求：

总体范围设计，主要提出城市空间、建设布局以及交通系统等设计内容，为下一层次设计提供宏观背景和设计基础。"两站一街"范围设计，包括车站主体（或连同车站一体建设的综合开发体）以及与它们直接相连的建筑、地下空间等重点区域进行一体化的建筑设计，"次渠——亦庄火车站"两站及其区间的一体化设计，车站的概念性建筑设计，"两站一街"范围交通影响的初步评价，并对规划方案提出的建设规模、交通组织等内容进行校核，提出规划实施及建设时序策略。

二、征集组织情况

"亦庄线次渠——亦庄火车站及周边地区"的国际方案征集采用公开征集的方式。2007年5月28日发出了征集公告，公告发出后，国内外的交通规划设计机构积极报名参加征集。来自中国、法国、英国、美国等国家和地区的9个知名规划设计机构递交了应征规划设计方案。由13位城市规划、建筑、轨道交通等领域的专家组成的规划方案评审专家委员会对应征的规划设计方案进行了评审。经评审选出了四个获奖方案：方案B——中国城市规划设计研究院；方案F——柏诚工程技术（北京）有限公司和北京市市政工程设计研究总院联合体；方案C——北京市城市规划设计研究院、赛思达（上海）技术咨询有限公司和华通设计顾问工程有限公司联合体；方案E——北京城建设计研究总院有限责任公司、北京清华安地建筑设计顾问有限责任公司、阿特金斯顾问有限公司和北京经济技术开发区城市规划和环境设计研究中心联合体。

其中，中国城市规划设计研究院的方案获得方案征集的一等奖。该方案的特点是交通组织比较好，特别是站前综合区各种交通的组织方式，合理安排了公交线路，轨道交通，小汽车、自行车以及P+R等各种交通设施，交通流线便捷合理，各种用地规模控制也比较适度。

方案综合是一项十分复杂的工作，因为亦庄线的轨道交通建设在即，首先要解决好可实施性问题。方案征集后，在获一等奖方案的基础上，综合其他方案的优点，对规划方案进行了综合调整。此次综合由中国规划设计研究院完成。

三、获奖方案介绍

获奖方案B
中国城市规划设计研究院

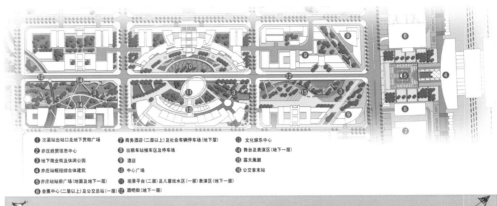

① 次渠站出站口及地下贯彻广场　⑦ 商务酒店（二层以上）及社会车辆停车场（地下层）　⑬ 文化娱乐中心
② 亦庄经贸信息中心　⑧ 出租车站候车区及停车场　⑭ 舞台及表演区（地下一层）
③ 地下商业街及休闲公园　⑨ 酒店　⑮ 露天展廊
④ 亦庄站框架综合体建筑　⑩ 中心广场　⑯ 公交首末站
⑤ 亦庄站站前广场（地面及地下一层）　⑪ 观景平台（二层）及儿童戏水区（一层）表演区（地下一层）
⑥ 会展中心（二层以上）及公交站（一层）　⑫ 酒吧街（地下一层）

　　站前街东侧为绿化休闲开放空间，部分为下沉式露天绿化广场，部分地面为绿化，地下为公共空间和商业设施。

　　在站前街两侧为150m的位置新增两条南北向支路，将站前街作为以商业功能为主的道路，作为公交专用道处理。

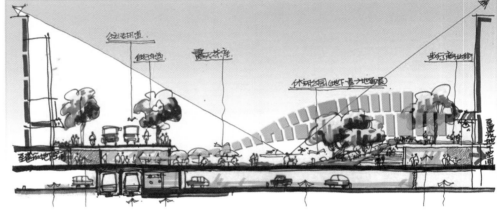

获奖方案F
柏诚工程技术（北京）有限公司和北京市市政工程设计研究总院联合体

　　站前街的次渠至亦庄火车站段设计为地区标志性的景观商业步行走廊。设曲线公交车道，取消原规划东侧绿带。

　　地下商业街结合地面步行街，开自然采光井，将阳光引入地下，达到节能、空间舒适目的。

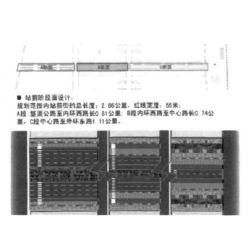

■ 站前阶段面设计：
规划范围内站前街的总长度：2.66公里，红线宽度：55米；
A段：蟹渠公路至内环西路西长0.81公里；B段内环西路至中心路长0.74公里，C段中心路至外环东路1.11公里。

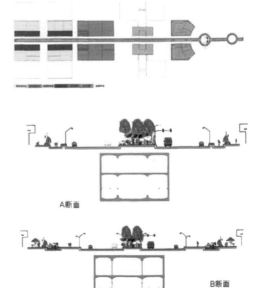

A断面

B断面

获奖方案C

北京市城市规划设计研究院，赛思达（上海）技术咨询有限公司和华通设计顾问工程有限公司联合体

　　站前街定位为体验式步行商业街。与站前街平行增设两条城市支路。沿站前街绿化带调至新增道路外侧布置。利用明挖区间上方设地下商业步行街，出入口与采光井，扶移结合，部分路段地下街外露于地面，部分路段设台地式半下沉空间，直接连续建筑地下一层与室外空间。

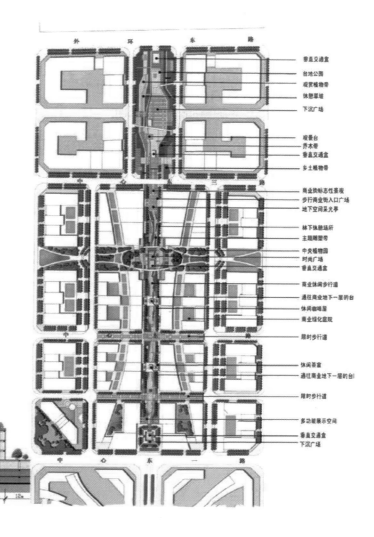

获奖方案E

北京城建设计研究总院有限责任公司、北京清华安地建筑设计顾问有限责任公司，阿特金斯顾问有限公司和北京经济技术开发区城市规划和环境设计研究中心联合体

　　地下一层与地上二层形成步行边疆商业街，首层给车行。地下空间收放有效、给步行街增加趣味性，地下二层做共享小汽车系统。

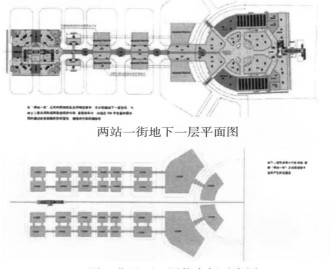

两站一街地下一层平面图

两站一街地下二层停车场示意图

四、经验和启示

　　轨道交通建设涉及城市发展的方方面面，是一项长期而复杂的系统工作。应征规划方案中借鉴了国际先进的设计理念及国内外轨道交通周边区域的建设经验，提出了许多很有价值的规划思路和技术方法，这些理念、方法和思路在引导城市有序发展，优化空间布局形态和轨道交通一体化开发模式，推进资源节约使用以及缓解交通拥堵状况等方面具有很好的参考意义。

案例4

北京焦化厂工业遗址保护与开发利用规划方案征集

　　【摘要】焦化厂工业遗址保护与开发建设规划意义重大而深远，处理好北京焦化厂工业遗址保护与开发建设的关系，是焦化厂旧址规划需要认真研究和解决的课题。国外对工业遗产的研究始于20世纪50年代，而我国自20世纪90年代中后期才开始相关课题研究。开展北京焦化厂工业遗址保护与开发利用规划方案国际公开征集，集思广益地研究规划，一方面把国内外在这一领域的先进经验和做法吸纳进来，另一方面也征集到有价值的规划理念和有创意的具体改造方案，为后续的规划编制提供思路和创意。同时此次方案征集具有如下的经验可以借鉴：

　　（1）本次征集充分发挥了"政府组织"、"部门合作"的优势。征集活动由北京市规划委员会和北京市国土资源局共同组织，这种组织模式既有利于编制规划的可操作性，又利于保障规划的实施，同时便于协调包括规划管理与土地一级开发、二级开发在内的各种实施中可能遇到的问题。

　　（2）应征人资格条件的设定。北京焦化厂工业遗产保护与开发利用规划方案征集既要保护工业遗址，又要适当开发利用；既要进行环境土壤修复，又要进行工业遗址公园的规划建设，同时还承担规划地铁7号线车辆段及站点的综合规划设计。总体来看，涉及专业较多，综合性较强，任务比较艰巨。要求应征人须具有多方面的经验和实力，因此此次征集鼓励具有综合地产项目开发建设经验的房地产开发或投资机构与规划设计机构组成联合体共同参加征集，以利于创新理念的诞生和规划方案的落地。

　　（3）此次规划方案征集在征集规划任务的设定上详略得当、有的放矢，突出了重点，针对不同的规划范围，提出不同层次的规划设计任务和编制深度要求。

　　（4）此次方案征集，倡导节约集约利用城市存量资源，建设资源节约型、环境友好型社会，制定缓和矛盾、实现平衡的规划策略，将工业遗产转换功能后再利用，丰富了历史文化名城内涵，满足了广大市民尤其是老一代工业职工的情感需求，确定了分层次、分级别、分种类、分体系的保护原则，为工业遗产的保护提供了可借鉴的思路。

一、征集背景

北京炼焦化学厂（以下简称"焦化厂"）始建于1958年，1959年11月18日建成投产。焦化厂兴建前，燃料结构单一，环境污染严重，能源浪费巨大，成为北京当时的三大难题。为彻底解决这些问题，当时的北京市委决定兴建一座煤化工厂，通过煤的气化降低污染，达到能源综合利用、节省燃料的目的。

在近50年的发展历程中，北京焦化厂使用我国自主研制的第一台炼焦炉推出了第一炉焦炭，并第一次将人工煤气通过管道输送到市区，"三大一海"（大会堂、大使馆、大饭店、中南海）等重要单位成为了第一批煤气用户，开创了北京燃气化建设的历史。

进入21世纪，伴随着北京申奥成功，天然气进京以及城市建设的快速发展，焦化厂所处的地理位置和生产状况已不符合首都城市建设尤其是环境保护的要求。《北京城市总体规划（2004—2020年）》提出"加快实施垡头地区传统工业搬迁和产业结构调整"。同时提出限制、转移、限期淘汰12个不符合首都经济社会发展要求的行业，其中焦化厂就占了3个，即炼焦业、化学原料及化学制品制造业、煤气生产业。2006年北京市政府批准了《北京炼焦化学厂停产搬迁转型工作总体方案》，焦化厂于2006年7月16日全面停产，并在河北唐山另行选址建设新厂。同年北京市土地储备整理中心与焦化厂签订了土地收购合同，焦化厂的用地纳入了政府储备土地。

一言概之，北京焦化厂为环保而建，为环保而停。焦化厂的发展见证了新中国成立后北京城市建设的历史。它从兴盛到淡出的每一步，都与工业生产、人民生活息息相关。焦化厂与我国煤化工工业文明有紧密的关系，体现了我国能源科学的发展进步，更蕴涵了几代焦化厂人的理想和奋斗。

北京市规划委员会、北京市国土资源局在组织编制该地区的控制性详细规划时，发现经过近50年的发展，焦化厂内的工业建（构）筑物及工业设备反映了首都北京曾经辉煌的工业成就，每一座焦炉，每一段铁轨，都是城市历史的证据，都是城市记忆的表达，具有工业遗产保护价值，不应进行简单的拆平重建。随即市规划委、市国土局委托有关科研单位开展了《北京焦化厂工业遗产资源保护与再利用专题研究》。在专题研究的基础上，经组织专家论证，综合吸收政府相关部门、人大代表、政协委员及焦化厂广大职工的合理建议和意见，市规划委、市国土局提出"工业遗址保护与开发利用"的思路，这里所说的保护与开发利用包括两方面的含义。保护既包括对北京焦化厂厂区整体范围内原有各类工业建（构）筑物的分级保护，又包括划定一定范围的核心保护区，对具备核心保护价值的工业遗产的区域保护；开发利用既包括对工业遗产建（构）筑物自身在一定条件下的功能置换性的再利用，又包括对外围用地的新建性质的开发利用。

为了使焦化厂项目规划能够在尊重北京工业发展历史，保留城市的历史记忆，突出地区特色风貌的基础上，通过对各种资源的合理整合，探索发展循环经济的模式，挖掘利用区域的文化和历史优势，形成多样化的城市形象，丰富历史文化名城的内涵，提升土地价值，优化城市功能结构和空间布局，把本地区建设成为人与社会、经济、自然协调发展的新亮点，北京市规划委员会和北京市国土资源局举办规划方案的国际征集活动，旨在借鉴国内外工业遗址保护与开发利用的成功经验和技术，寻求最佳的建设规划方案为该地区下一步的开发建设起到积极的指导作用。

（一）区位和规划范围

北京焦化厂及其周边地区位于北京城区东南部，临近北京至天津的京津塘高速路，并与规划的第二条京津塘高速路北京出入口相连，是北京中心城区与天津、塘沽港距离最近的区域。

规划范围分总体范围和重点区域两个层次。

1. 总体范围为北京焦化厂北区主厂区，西邻北京染料厂，东临五环路，南临化工路，北侧为孛罗营村，东南角临化工桥，占地面积约147.3hm²。

2. 重点区域包括两个部分：工业遗址公园范围和地铁7号线车辆段范围。

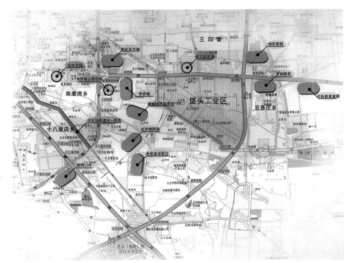

项目区位示意图

总体范围内除重点区域之外的区域为开发建设区。工业遗址公园由核心保护区和风貌协调区组成，占地面积约50hm²，其西、南侧与开发建设区用地范围之间界线可根据实际需要作适当微调。地铁7号线车辆段范围，占地面积约32hm²。

（二）规划设计重点内容

1. 总体范围内的城市设计

应提出包括土地功能利用和规模、城市空间形态、地下空间综合利用、交通与市政系统组织以及与周边地区关系等方面的规划内容。

2. 工业遗址公园的详细规划设计方案

应结合整体城市空间功能要求，突出遗址公园的工业风貌特征。应提出包括功能布局、工业遗址再利用项目、污染治理、绿化景观、配套设施、游览线路、组织管理模式、规模论述、经济测算等方面的规划内容。

3. 车辆段及上盖综合开发的建筑设计方案

应结合车站和车辆段的具体布置形式，对包括车站主体、车辆段和上盖开发以及与它们相连的建筑及道路地下空间等重点区域进行一体化的建筑设计。具体设计内容包括：

（1）车站的站厅、站台平面设计，横、纵断面设计，出入口和风亭设计，人流组织等内容；

（2）车辆段和上盖开发部分的建筑设计方案；

（3）上盖开发部分的内、外部交通组织方案等。

4. 污染治理与生态修复

应结合现场勘查及相关经验，提出与环境有机结合的综合治理与建设方案，提出科学合理的生态修复方法。

5. 规划实施策略与建设时序

应通过科学合理的分析，提出方案实施的措施和建议，并结合经济测算等内容提出建设时序策略，保证规划实施的可行性。

二、征集过程和组织特点

（一）征集过程

2008年2月1日，主办单位在北京市规划委员会网站、北京市国土资源局网站、中国采购与招标网、中国政府采购网、北京市政府采购网、北京市招投标信息平台以及北京科技园拍卖招标有限公司网站等网站发出了征集公告，2008年2月1日至3月8日为应征报名的时间，在此期间共有来自中国（包括香港）、澳大利亚、美国、英国、法国、德国、比利时、加拿大、日本、新加坡、韩国等国家和地区的50家应征申请人（包括独立应征申请人和联合体应征申请人，共包含93个法人实体）递交了应征申请文件。通过严格的资格评审，选取了6家应征申请人参加本次规划方案征集活动。

2008年5月21日发出了征集文件，征集周期约4个月。在此期间主办方召开了规划方案征集情况介绍会。由于本项目的现场条件比较复杂，主办单位组织了多次现场勘查和征集答疑。

应征设计方案递交的截止时间是2008年9月25日下午16：00，至截止时间共收到了6个应征设计方案。

2008年10月8日和9日由来自北京、上海、重庆、天津、广州等地的城市规划、建筑、交通、园林景观、文物保护、环境保护、轨道交通、地产开发等方面的13名专家组成的评审委员会对6个规划设计方案进行了评审。评审委员会认为应征设计方案在规划设计中站在了时代的前沿，在对国内外工业区保护和开发利用案例如德国鲁尔工业区内的北杜伊斯堡公园、关税同盟煤钢厂区，法国巴黎拉维莱特公园、左岸地区更新，日本东京野鸟公园，上海世博公园等研究和分析的基础上，综合考虑历史文化保护、环境污染修复、产业发展、城市建设等多方面的因素，提出了一些好的建议，如"整体保护，局部利用"的保护和利用方式，采用分区保护（主要分为核心保护区、风貌协调区和外围工业特色风貌区）和分级保护（将建构筑物分为强制保留和建议保留两类）的方法对整体的空间环境进行有效控制，采取原址原貌保留、原址整体保留、结合开发建设保留局部构件以及整体迁移的再利用措施达到功能置换，实现新旧融合的目的等等，同时针对核心保护区（即工业遗存最为丰富的焦炉周边区域及煤气精制区）以及强制保留的单体建（构）筑物的再利用等提出了富有创意的设计方案。最后，评委通过记名投票的方式评选出获一等奖的方案一个（由北京市国有资产经营有限责任公司、北京国峰置业有限公司、北京炼焦化学厂、北京清华城市规划设计研究院、北京清华安地建筑设计顾问有限责任公司、北京城建设计研究总院有限责任公司、北京建工环境修复有限责任公司联合体提交的B05号方案），获二等奖的方案一个（由北京市弘都城市规划建筑设计院、加拿大RGBA建筑师事务所、首创置业股份有限公司、北京金隅嘉业房地产开发有限公司联合体提交的B02号方案）。

方案评审结束后，主办单位在相关网站对应征方案进行公示，同时在北京规划展览馆进行公开展览，广泛地听取社会各界的意见，为下一步的规划编制提供了基础。

随后，主办单位及北京市规划院根据专家评审意见组织开展了规划方案综合工作。方案综合是以获一等奖的方案为基础而展开的，同时也吸收了其他应征方案的优点。

（二）征集组织特点

1. 前期研究

北京焦化厂工业遗址保护与开发利用规划方案征集之前，为了保证规划有的放矢，符合实际，具有可操作性，主办单位委托有关科研单位开展《北京焦化厂工业遗产资源保护与再利用专题研究》，对焦化厂现状的工业遗产进行梳理盘查和分类，分出了保护的"片区"和建（构）筑物"单体"两个层面。焦化厂的建（构）筑物主要分为四类：①办公建筑及服务用房；②工业厂房与仓储类用房；③特殊建（构）筑物，如炼焦炉、水塔、烟囱、皮带运输通廊、管道设施等；大型设施设备，如堆取料机、推焦机、除尘装置、脱硫塔等。在价值分析的基础上，分别从历史、文化、艺术、经济、技术五项基本内容进行分析，凡是具有一定价值的都可以列入保护与再利用的名录；同时又根据价值的高低提出不同的保护与再利用级别，即强制保留（32项）和建议保留（47项）两类。前期的详细调查和研究梳理为后续的规划方案设计打下了良好的基础，提高了规划征集的实效。

2. 充分发挥了"政府组织"、"部门合作"的优势

征集活动由北京市规划委员会和北京市国土资源局共同组织，国土部门的参与为前期规划条件和规划要求的制定以及后期规划实施中落实和采纳规划征集中的优秀方案和先进理念提供了强有力的保障。焦化厂内的各类工业建（构）筑物及土地使用权基本处于政府土地储备部门的管理控制之下，这是开展焦化厂工业遗产保护工作的优势之一，一方面排除了在工业遗产保护与开发利用方案编制完成之前工业遗产遭受拆除、破坏的风险，另一方面规划部门与国土部门的共同组织参与有利于保障规划方案的实施，便于协调包括规划管理与土地一级开发、二级开发在内的各种实施中可能遇到的问题。

3. 应征人的资格条件

北京焦化厂工业遗产保护与开发利用规划方案征集既要保护工业遗址，又要适当开发利用；既要进行环境土壤修复，又要进行工业遗址公园的规划建设，同时还承担规划地铁7号线车辆段及站点的综合规划设计。总体来看，涉及专业较多，综合性较强，任务比较艰巨。因此，对参加规划方案征集的应征人的资格规定也与一般的规划征集不同。在对应征人的资格要求中明确规定："应征申请人应有与本项目的规模和性质相类似的地产开发、城市规划、城市设计、景观设计、轨道交通设计经验……为保障规划及实施，本次征集鼓励有实力且有意投资本地产项目开发建设的房地产开发或投资机构与

规划、设计机构组成联合体来参加征集……"这是此次规划编制的一个创新。各类机构共同参与规划的研究和编制既有利于创新理念的诞生，又有利于规划方案的落地并得以逐步实施。

三、方案介绍

"北京焦化厂遗址保护和开发利用规划方案征集"应征方案（其中02、05号规划方案为获奖方案）

01号方案图

02号获奖方案图

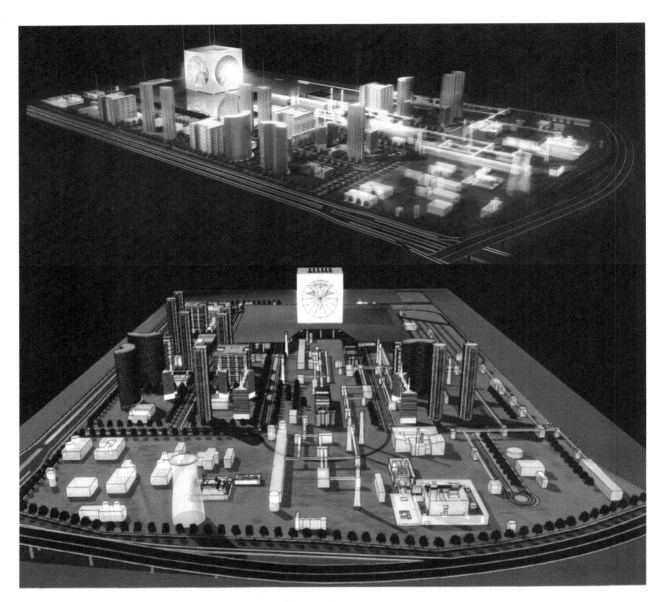

04 以场地的煤化工历史为切入点，借鉴碳元素的原子结构，以在地铁站点附近，地标式的巨型"大立方"建筑为中心组织空间，地上建筑总规模约201.2万平方米。地铁车辆段采用全地面方式，其余用地按照征集要求设计。

04号方案图

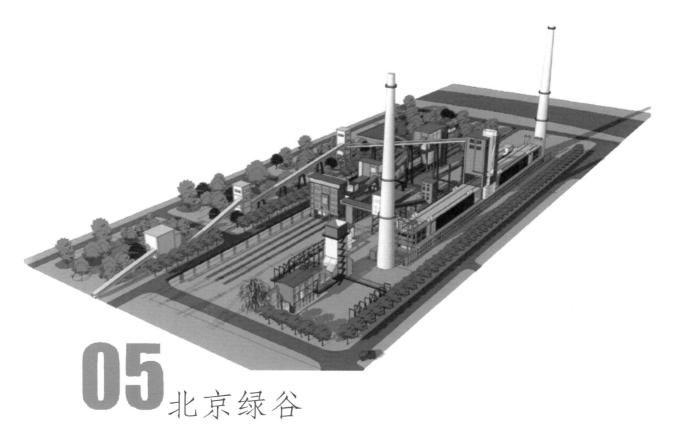

05 北京绿谷

地上建筑总规模约239万平方米（其中开发建设区及车辆段上盖开发合计约207.7万平方米，遗址公园32万平方米），地下建筑总规模约80.3万平方米。地铁车辆段采用地下、半地下相结合的设置方式，并将车辆段实际占地控制在25公顷左右，结合工业遗产保护与改造利用及北焦厂历史生产工艺，由北向南分别以"煤之路"、"焦之路"、"气之路"、"化工之路"四条线型开放空间将遗产与开发建设融合起来，遗址公园围绕绿色环保、生态修复、节约能源等主题建设公共休闲空间，其余用地建设多元化服务设施、服务创意产业。

05号获奖方案图

06重生

方案以"重生"为主题，提出"生态之城""智慧之城""体验之城""财富之城"的规划对策。地上建筑总规模约227万平方米（其中车辆段上盖开发约102.6万平方米），地下建筑总规模约100万平方米。车辆段采用全地下方式，遗址公园由北部运动休闲区、中部体验观演区、南部生态修复区构成，外围设置环形单轨线路，并进行了多条游览线路的组织设计，其余用地为规划商务办公、创意休闲区。

06号方案图

焦化厂工业遗址风貌

四、经验和启示

焦化厂工业遗址保护与开发建设规划意义重大而深远，处理好北京焦化厂工业遗址保护与开发建设的关系，是焦化厂旧址规划需要认真研究和解决的课题。在国外，对工业文化遗址的保护和再利用已经非常普遍了。例如，德国北杜伊斯堡工业遗址公园、美国西雅图煤气厂公园等。许多工业建筑和设施在工厂停产后被完整地保留下来，变成休闲旅游区或文化创意产业基地。开展北京焦化厂工业遗址保护与开发利用规划方案国际公开征集，集思广益地研究规划，一方面把国内外在这一领域的先进经验和做法吸纳进来，另一方面也征集到有价值的规划理念和有创意的具体改造方案，为后续的规划编制提供思路和方案。

此次方案征集在成果编制深度要求方面进行了不同程度的区分，做到详略得当。整体规划范围内的成果编制深度为控制性详细规划和城市设计，以控制和引导为主，主要提出城市空间、建设布局、工业遗产保护和再利用的方式、交通系统、绿化景观、实施步骤等设计思路，明确刚性和弹性的内容，为下一步的开发建设提供依据和条件；工业遗产园、地铁车辆段综合开发区的成果编制深度为修建性详细规划，要求明确工业遗产公园的功能定位，单体建（构）筑物的再利用方式，旅游内容和线路的组织，污染治理和生态修复的措施，配套服务设施的设置，组织管理的模式等。

案例5

北京丽泽金融商务区规划设计方案征集

【摘要】北京丽泽金融商务区是2008年4月北京市政府《关于促进首都金融业发展的意见》提出"一主、一副、三新、四后台"中三个新兴金融功能区之一。丽泽金融商务区的确定，为南城的发展提供了机遇，同时也对城市空间规划提出了新的需求。为了"高起点规划，高水平建设"，丰台区政府在北京市规划委员会的配合下，组织了规划设计方案的国际公开征集，来自国内外的知名规划设计机构以国际的视野针对丽泽金融商务区的规划提出了一些新的理念和思路。最终的规划是以两个优胜方案为蓝本，按照"多部门协同工作，多任务协同开展，多专业协同整合"的工作模式，由北京市城市规划设计研究院和获优胜奖的两个规划设计团队合作，征求市发改、交通、国土、园林、文物、水务等部门以及各方面专家的意见后编制完成。

一、征集背景

2008年4月30日，中共北京市委市政府正式发布《关于促进首都金融业发展的意见》，明确定位北京是"国家金融决策、管理、信息、服务中心"，并提出"一主、一副、三新、四后台"的金融业发展总体布局。丽泽金融商务区作为三个新兴金融功能区之一，在北京金融体系中占有重要的地位。丽泽商务区的确定，为南城的发展提供了机遇，同时也对城市空间规划提出了新的需求。

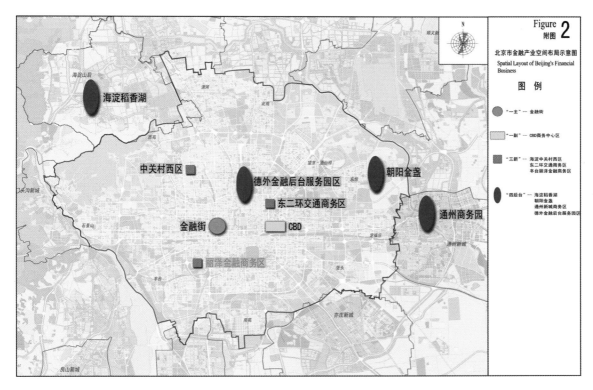

北京市金融产业空间布局示意图

丽泽金融商务区地处西二环、西三环之间，总规划面积约5.25km²，位于原卢沟桥东区行政边界范围，以丽泽路为主线，东起菜户营桥，西至丽泽桥以西原卢沟桥东区行政边界，南起丰草河，北至红莲南路。丽泽金融商务区位于城市建成区的繁华地带，该区域内各类用地混杂。既有近几年新建的城市居住区，如顺驰蓝调、金泰城丽湾等；也有绿隔实施中建设的农民搬迁用房、经济适用房，如丰益花园；此外还有多个驻京办事处等国有单位，包括青海驻京办事处、中国渔船船东互保协会、水源四厂等；在三环以外，还有较大规模的绿隔产业用地，包括东方家园、汽配城等乡属产业；剩余大部分地区为现状旧村和乡镇企业。由于多年来丽泽金融商务区的建设以零星建设为主，导致现状市政、交通基础设施条件差，除主要城市干道——丽泽路外，按照规划实施的道路比例很小，在一定程度上阻碍了该地区的发展。

"高起点规划、高水平建设"丽泽金融商务区，引导高端要素流进，促进南城地区城市功能提升和产业层次跃升，进一步增强南城经济社会发展的能力。这是丽泽金融商务区规划建设的目标，也是挑战。

针对丽泽金融商务区新的发展目标和功能定位需对北京中心城控制性详细规划（2006版控规）进行调整。如何改，如何调？丰台区政府决定采用国际公开征集的方式，集思广益，站在时代的高度，汲取国内外最新的金融商务核心区的城市规划、城市设计、交通组织设计经验，依据新的区域发展目标、功能定位，探索和研究区域的城市空间个性和新的城市文脉，对丽泽金融商务区的整体空间结构和开发规模、控制性和建议性的技术指标、开发强度、建筑高度、公共空间系统（绿地、广场等）、建筑立面和城市天际线、规划实施、开发时序和开发单元划分、交通组织方式和交通承载力等方面进行研究论证，提出丽泽金融商务区用地范围内的用地功能研究、丽泽金融商务区核心区城市设计、丽泽金融商务区和扩大研究范围的交通规划专项研究的规划设计成果，为后续的规划编制和规划调整提供思路。

二、征集过程

此次北京市丽泽金融商务区规划设计方案征集采用的是国际公开征集的方式，于2008年11月7日在北京市丰台区政府网（www.bjft.gov.cn）、北京市规划委员会网（www.bjghw.gov.cn）、中国采购与招标网（www.chinabidding.com.cn）、中国政府采购网（www.ccgp.gov.cn）、北京市政府采购网（www.bj-procurement.gov.cn）、北京市招投标信息平台（www.bjztb.gov.cn）、中国建筑艺术网（www.aaart.com.cn）、北京科技园拍卖招标有限公司网站（www.bkpmzb.com）发布了征集公告。在2008年11月7日至20日期间有92个设计机构与招标代理机构联系报名，并免费下载了资格预审文件。

资格预审申请文件递交截止时间为2008年11月21日12：00，至截止时间共收到66个应征申请人（包括联合体申请人）递交的申请文件。

主办单位设立了专门的资格评审专家委员会，对66个应征申请人递交的资格预审申请文件进行了评审，通过评审选取了5个应征人参加设计方案征集。

征集文件于2008年12月9日发出，随后组织了现场踏勘、项目情况介绍会，并进行了设计情况阶段性汇报和质疑/澄清。在设计情况阶段性汇报和交流会上，北京市规划委员会的相关处室、北京市城市规划设计研究院、丰台区人民政府以及市区的发展改革、国土资源、交通、市政、园林绿化、文物保护、水利等部门的相关人员以及规划专家、相关利益群体的代表等与应征规划设计机构的主要规划设计人员就功能定位、功能结构、建筑规模配比、区域路网结构、地上地下交通组织、公共绿地设施等问题与应征人进行了交流和沟通，为规划研究和论证提供了良好的基础。

应征设计方案递交的截止时间是2009年3月30日下午2：30，至截止时间共收到了5个应征设计方案。2009年4月12日由来自北京、天津、深圳等地的规划、建筑、交通、园林、金融产业、产业经济等方面的专家组成的委员会对5个规划设计方案进行了评审，评审委员会认为应征设计方案在规划设计中站在了时代的前沿，在对纽约的曼哈顿、巴黎的拉德方斯、东京新宿、中国香港的中环、北京的CBD、金融街、上海的陆家嘴等类似的金融商务区开发建设经验的研究和分析的基础上，针对丽泽金融商务区的规划提出了一些新的理念，如注重土地资源的集约利用，注重多种功能的复合开发，注重地下空间的有效利用、注重轨道交通站点与周边用地开发相结合，注重立体交通网络，注重生态环保，注重公共空间的营造，注重节能环保等。评委会认为5个方案都有可圈可点之处，通过评审投票选出了两个优胜设计方案，即由美国RTKL与北京市建筑设计研究院联合体提供的B01号方案"天赋丽泽"和由澳大利亚的伍兹贝格有限公司与北京市弘都城市规划建筑设计院联合体提供的B04号方案"北京金融产业第三极"。

三、获奖方案介绍

1. B01 "天赋丽泽"（优胜奖方案）——由美国RTKL与北京市建筑设计研究院联合体提供

规划采用单中心布局。核心区划分为五大功能区，包括中央金融办公区、职宿一体商务区、综合商业服务区、莲花河休闲娱乐区、金融区北部和南部居住片区以及专业市场商业区。其中，中央金融办公区、综合商业服务区和莲花河休闲娱乐区构成了丽泽的核心功能组团。设计中倡导了"高效、活力、生态"的规划理念，重新整理了城市肌理，运用现代化高科技手段构建活力街区，统筹研究用地功能布局，合理确定居住与公建开发比例，充分注重了生态和水系环境，力争打造"金融不夜城、立体交通网、生态金融区"。

B01获奖方案效果图

2. B04 北京金融产业第三极（优胜奖方案）——由澳大利亚伍兹贝格有限公司与北京市弘都城市规划建筑设计院联合体提供

规划采用了"两轴两环双中心"的规划结构。金中都城墙遗址绿化带和丽泽路下钻后地面部分形成的景观大道共同构成了区域南北向和东西向的景观轴线，历史与未来在这里交会碰撞，因此本项目也成为保护与发展的联系纽带。由于用地南侧、西侧为规划绿化隔离带，东侧隔莲花河与现状基本建成区相望，规划调整原丽泽路两侧绿地至核心区北侧，以较宽的带状绿化与马连道中央采购区适当分隔，各个方向的绿化空间构成区域的外围绿环；规划在区域内部设计内向的绿化环廊，以精心设计的视觉通廊、富有韵律和节奏的开敞空间同外围绿环进行穿插和渗透，最大限度地将外部生态系统引入核心区内部；考虑到用地规模较大并跨越丽泽路两侧的现实情况，方案依托区域内两处规划轨道交通站点，在丽泽路南北均衡设置两处金融商务中心，为区域内主导产业的多点协同发展创造规划条件。

B04获奖方案效果图

四、经验和启示

城市规划是一项综合性很强的工作，参加方案征集的规划设计机构提供给主办单位的是规划"半成品"，旨在为城市规划的编制或修改调整提供一种综合性、多样性、选择性研究思路。征集工作结束后，北京市规划委决定以"天赋丽泽"、"北京金融产业第三极"两个优胜方案为蓝本，委托北京市城市规划设计研究院在方案征集的基础上进行深化和综合。综合工作按照"多部门协同工作、多任务协同开展、多专业协同整合"的工作模式，协调发展改革、国土资源、环境保护、交通、市政、园林绿化、文物、水务等部门以及获优胜奖的国际规划设计联合体共同开展工作。综合方案于2009年9月完成。综合方案首先秉承了"绿色金融区、人文不夜城、智能交通网、复合地下街"空间综合规划理念，形成了"一心、三区、多绿带"的空间结构，分为三大功能区：金融商务核心区、金融文化混合区和金融休闲混合区。主要功能放在核心区，比如标志性建筑、主要商务办公楼等都集中在金融商务核心区里，外围是混合功能区和居住区。其次，整合了两个优胜方案的优点，比如商务核心区，在方格路网基础上核心区道路局部作弯曲状处理，并形成一个绿化广场。这样既不打破基本格局，符合城市历史机理，又突出了核心区的功能和形象。再次，在交通需求分析与交通策略上，吸收应征方案的先进交通组织策略，对丽泽金融商务区的区位和主要交通问题进行分析，提出了如下交通发展策略：突破既有交通瓶颈，提高丽泽的区位优势；完善区域路网，合理分流过境交通，缓解外围交通压力；提倡公交出行方式，分级配置公交系统；核心区综合开发，打造立体交通网络；结合景观绿化条件，构建区域慢性休闲网络；提倡绿色环保出行方式，减少个体机动车使用率。 最后，吸取"天赋丽泽"方案的理念，营造绿色生态的办公环境，通过加宽几条道路绿化，形成绿化廊道，把外面大的绿化空间引入商务区里，为商务区创造了一个较好的环境。同时，加宽莲花河绿地，充分利用水面，形成较好的绿化和亲水空间。

2009年9月25日，北京市规划委员会对丽泽商务区规划综合方案进行了网上公示，公示内容如下："丽泽商务区位于丰台区与宣武区接壤的西二环、西三环之间，东起菜户营桥，西至丽泽桥，南起丰益桥，北至宣武区红莲南路，规划研究范围约8.09km^2。其中商务区西起中心地区建设用地边缘，东至京九铁路，北起规划南马连道路，南至金中都遗址以南一线，总用地约2.79km^2。"

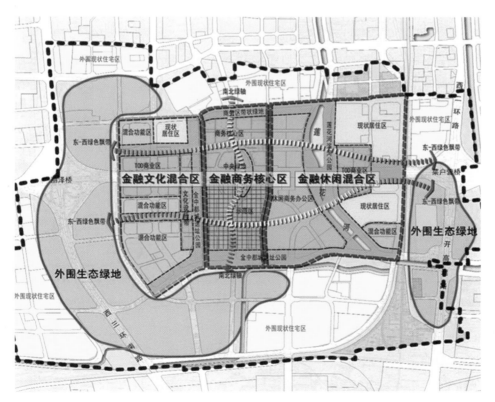

北京丽泽金融商务区规划综合方案分区图

首钢工业区改造启动区
城市规划设计方案征集

【摘要】首钢的搬迁是国内最大规模的产业结构调整行动，它对北京市经济结构、城市格局、居民就业等方面带来重大影响。从2005年初开始，在市政府的领导下，北京市规划委员会组织编制了《首钢工业区改造规划》（2007版），经北京市政府批准，于2007年4月发布实施。随着首钢搬迁工作的逐步深入，为保证经济发展、劳动力就业等的延续性，顺利完成产业转型过渡，在首钢工业区东部地区划出125.81hm²用地作为工业区全面改造之前的启动区。为顺利推动该启动区的建设实施，举行了首钢工业区改造启动区规划设计方案征集活动。此次征集是由北京市规划委员会、北京市经济和信息化委员会、北京市石景山区人民政府和首钢总公司共同主办，这种联合征集的方式为规划征集搭建了良好的组织架构和工作平台，把规划中涉及的有关区域协调发展、资源利用、环境保护、公众利益和公众安全的需求迅速、准确地体现在征集条件、规划要求和规划方案中，提高了规划方案征集的实效。同时在规划设计方案征集组织过程中主办单位利用政府信息化平台和北京市规划委的公众参与规划决策体系搭建了公众参与平台，为规划决策的民主性、科学性和有效性奠定了基础。

一、征集背景

随着《北京市城市总体规划》（2004—2020）获得国务院批复，以首钢、焦化厂为代表的一批传统重工业区纷纷进入了停产、搬迁、改造的阶段。首钢是北京最大的传统重工业区，占地面积约8km²，根据《北京市城市总体规划》首钢在"两轴两带多中心"城市空间结构中处于西部发展带和长安街轴线的节点。由于大型传统重工业区和城市发展存在方方面面紧密复杂的联系，所以当这个区域的核心功能从城市内部向外转移的时候，对城市的发展变化会产生积极的促进作用。首钢的搬迁是国内最大规模的产业结构调整行动，它会对北京市经济结构、城市格局、居民就业等方面带来重大影响，而且这种影响将是复杂而深远的。从2005年初开始，在市政府的领导下，北京市规划委员会组织编制了《首钢工业区改造规划》（2007版），经北京市政府批准，于2007年4月发布实施。

根据《首钢工业区改造规划》，首钢主厂区规划范围8.56km²，共包含七大功能区：行政中心、北部文化创意产业区（兼容功能：首钢总部研发区）、工业主题公园、中部的城市公共中心区（兼容功能：文化会展区）、东部的总部经济区（兼容功能：综合服务中心）、西南部旅游休闲区、东南部综合配套区。

随着首钢搬迁工作的逐步深入，引发的职工分流、再就业、社会保障等一系列问题对原有的社会结构和保障系统产生巨大的冲击。为保证经济发展、劳动力就业等的延续性，顺利完成产业转型过渡，将首钢工业区东部总部经济区和东南部综合配套区的首钢权属用地和石景山区集体土地（共计125.81hm²）划出作为工业区全面改造之前的启动区。启动区将在全面停产前先行发展，以起到经济、就业等多方面的过渡和衔接作用。

为了使启动区的规划决策科学合理，北京市规划委员会与北京市经济和信息化委员会、北京市石景山区人民政府和首钢总公司组织了首钢工业区改造启动区规划设计方案征集活动，以开拓创新、集思广益、求真务实的工作原则推动启动区的规划编制，以保障启动区建设的顺利进行。

本次征集的规划任务分两个层次和范围：①规划范围总用地面积125.81hm²；②研究范围包括首钢主厂区约8.56km²。

在本次方案征集中，首先要考虑规划与策划并重，除完成常规物质形态的规划设计外，另一个重要的方面是本地区如何通过正确的项目类型选取而达到工业用地的顺利转型并焕发新的生机。上位规划提出的用地功能要求弹性较大，为本次规划留出了相当大的空间，同时也对本次规划提出了更高的要求。本次规划应对土地使用功能作出更为详尽的研究和安排，并具体论证细分的土地使用功能未来如何引导实施的一步步滚动进行。其次，要经济效益与社会效益并重，在重点研究首钢工业区的全面经济转型和城市形态重构的同时，老工业区独特文化遗产的延续与发展、历史的传承也是规划中应重点考虑的问题。大型国企多年来担负周边地区能源供应、公共设施建设等重要社会责任，改造后如何实现这些社会责任的顺利承接，重塑大型企业的社会形象，也是规划应予以考虑的问题。再次，要建立系统，并将各个系统落实在空间上，建立景观系统、慢行系统、地下空间系统、交通换乘接驳系统等系统。

本次规划的任务包括如下几个方面：

（1）深化用地功能布局与产业发展项目，要求规划设计机构结合用地自身条件与主厂区、石景山区、中心城西部地区乃至全市的产业发展需求展开深入调查和分析，综合考虑石景山京西会展中心、苹果园交通枢纽商务区、银河商务区等各个功能区之间的协调发展问题，借鉴国内外老工业区复兴的经验教训，在上位规划的控制引导要求下，充分考虑与首钢现状企业技术特点的结合以及人员的顺利转型安置情况，细化规划范围内的用地功能布局，提出本地区发展的概念规划。

（2）提出实施策略，本次规划范围内用地超过1km²，结合周边现状条件，主厂区整体规划、规划产业发展链条前后关系，规划设计机构应提出分期实施的策略，内容包括用地内产业项目的发展次序，现状建（构）筑物、道路、市政设施的改造利用与新项目引进建设的衔接，生态环境治理与新产业项目引进的衔接等。

（3）提出主厂区整体发展概念，鉴于首钢主厂区整体性的重要意义，本次规划需针对主厂区整体发展提出规划概念，该概念应与启动区的规划理念相得益彰，使得启动区的规划能够成为主厂区大系统中的一部分，保证首钢主厂区规划是一个有机整体，不因分期开发而割裂。主厂区整体发展概念应尽可能在上位规划的框架下提出有建设性的具体建议。

二、征集过程和组织特点

（一）征集过程

此次首钢工业区改造启动区城市规划设计方案征集采用的是国际公开征集的方式，2009年4月27日主办单位在北京市规划委员会网站、北京市石景山区人民政府网站、首钢总公司网站、中国采购与招标网、中国政府采购网、北京市政府采购网、北京市招投标信息平台、中国建筑艺术网、北京科技园拍卖招标有限公司网站发布了征集公告。2009年4月27日至5月15日期间有92个设计机构与招标代理机构联系报名，并免费下载了资格预审文件。

资格预审申请文件递交截止时间为2009年5月15日12：00，至截止时间共收到68个应征申请人（包括联合体申请人）递交的申请文件。

主办单位设立了专门的资格评审专家委员会，对68个应征申请人递交的资格预审申请文件进行了评审，选取了5个应征人参加设计方案征集。

征集文件于2009年6月24日发出，随后组织了现场踏勘、项目情况介绍会，并进行了设计情况阶段性汇报和质疑/澄清。在设计情况阶段性汇报和交流会上，北京市规划委员会与北京市经济和信息化委员会、北京市石景山区人民政府和首钢总公司的相关人员、北京市城市规划设计研究院、石景山区政府和市区发展改革、国土资源、环境保护、交通、市政、园林绿化、文物保护、水利等部门的相关人员，以及规划专家、相关利益群体的代表等与应征规划设计机构的主要规划设计人员，就功能定位、功能结构、建筑规模配比、区域路网结构、地上地下交通组织、公共绿地设施等问题与应征人进行了交流和沟通。

应征设计方案递交的截止时间是2009年10月10日下午2：30，至截止时间共收到5个应征设计方案。2009年10月13日由11位国内外资深的规划、建筑、交通、园林、产业经济等方面的专家组成的评审委员会对5个规划设计方案进行了评审，推选出两个优胜规划设计方案：由北京市弘都城市规划建筑设计院、美国KPF设计事务所（Kohn Pedersen Fox Associates P.C.）、北京市建筑设计研究院联合体提交的B01号方案，由北京清华城市规划设计研究院、北京清华安地建筑设计顾问有限责任公司联合体提交的B03号方案。

评审结束后，主办单位将5个应征规划设计方案，在市规划委和各主办单位网站对公众公示，公示期30天。公示期结束后北京市城乡规划设计研究院与获得优胜奖的规划设计机构一起根据专家、公众意见组织对规划设计方案进行综合完善和深化。

2011年北京市规划委员会在已批准的2007版《首钢工业区改造规划》的基础上，综合考虑首钢地区交通条件、用地条件、社会经济和规划理念等外部条件的变化，结合首钢总公司需求、石景山区政府和各相关部门的意见，以及北京市政府关于加快西部地区转型发展等有关要求，组织开展规划深化研究，提出了《新首钢高端产业综合服务区规划方案》。规划总用地约8.63km²，总建筑规模约1060万km²。2011年4月18日，北京市规划委对《新首钢高端产业综合服务区规划方案》进行公示，进一步

新首钢高端产业综合服务区

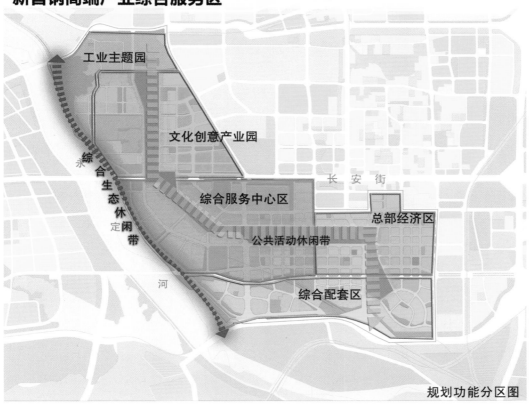

规划功能分区图

新首钢高端产业综合服务区

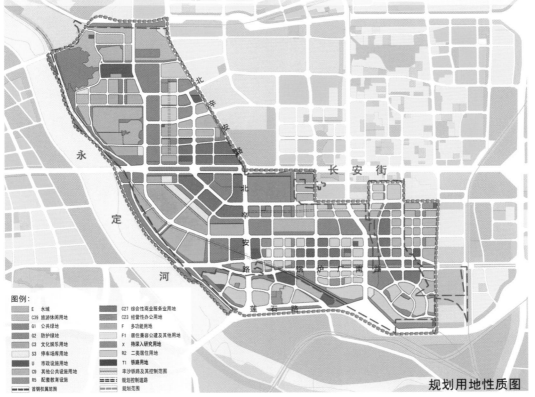

规划用地性质图

图例:

E	水域	C27	综合性商业服务业用地	
C39	旅游休闲用地	C23	经营性办公用地	
G1	公共绿地	F	多功能用地	
G2	防护绿地	F1	居住兼容公建及其他用地	
C3	文化娱乐用地	X	待深入研究用地	
S3	停车场库用地	R2	二类居住用地	
U	市政设施用地	T1	铁路用地	
C9	其他公共设施用地		丰沙铁路及其控制范围	
R5	配套教育设施		规划控制道路	
	首钢权属范围		规划范围	

听取公众意见。

（二）征集组织特点

首先，本次征集是由北京市规划委员会、北京市经济和信息化委员会、北京市石景山区人民政府和首钢总公司共同主办，主办单位中包括政府、规划行政主管部门、相关行政主管部门和利益相关方，这样的结合为规划征集搭建了很好的组织架构和工作平台，使规划中涉及的有关区域协调发展、资源利用、环境保护、公众利益和公众安全的需求能更迅速、更准确地体现在征集条件、规划要求和规划方案中。

其次，由于首钢的存在和发展与地区人口、社会、经济、文化等紧密联系在一起，首钢老工业区的改造规划和启动区的建设牵动着首钢职工家属和石景山区常住居民的心，启动区规划必将引起北京市全社会的关注。因此，在规划设计方案征集组织过程中，主办单位十分重视公众参与机制的建立。主办单位利用政府信息化平台如北京市石景山区政府网（www.bjft.gov.cn）、北京市规划委员会网（www.bjghw.gov.cn）、北京市经济和信息化委员会网（www.bjid.gov.cn）、首钢集团网（www.shougang.com.cn）等和北京市规划委的公众参与规划决策体系搭建公众参与平台。

此次征集中公众参与决策主要表现在以下几个方面：

（1）规划设计方案征集文件的编制过程中，征求用地内产权单位（个人）和周边利害关系人的意见，充分听取他们的建议，并尽可能地将城市发展目标与产权单位（人）的意愿相结合，调动相关参与方的积极性，体现规划决策的民主性。

（2）在组织方案征集过程中，利用政府信息网和其他媒体将征集公告、资格预审、中期交流、应征方案评审结果等信息及时地向公众公开，让公众及时了解征集的进展情况，搭建公众监督平台。

（3）对应征设计方案展览和网上公示，收集首钢职工和其他公众的意见，为最终规划方案的调整和综合奠定了基础。

（4）在征集方案综合阶段通过意见征求表、座谈会、社区走访、调研的方式了解市民的需求，广泛听取各方的意见，为规划决策打下良好的基础。

三、获奖方案介绍

B01由北京市弘都城市规划建筑设计院、美国KPF设计事务所（Kohn Pedersen Fox Associates P.C.）、北京市建筑设计研究院联合体提供。

B01获奖方案效果图

B03由北京清华城市规划设计研究院、北京清华安地建筑设计顾问有限责任公司联合体提供。

B03获奖方案效果图

四、经验和启示

　　如何抓住发展机遇使传统重工业区改造成为城市重要的功能聚集区，使之焕发生机和活力，是在世界范围内引人关注的一个重要课题。本次首钢工业区改造启动区城市规划编制过程中运用方案征集的模式对某些规划专题进行集思广益的研究，取得了很好的效果。来自国内外的规划设计机构，借鉴本国老工业基地遗址保护和开发利用的经验，对首钢发展与保护、企业与城市、新与旧、特色与协调等问题进行了研究。他们发挥各自的专业优势，对工业文化特色风貌的延续与发展、特色城市空间的塑造、建筑高度、形态的控制引导提出了许多好的建议，而且其中的一些理念和技术方案在后续的规划编制中得到了采纳。此次征集开拓了我们的视野，同时也丰富了中国工业遗址保护和再利用的经验。

案例7

中关村科技园区丰台园东区三期项目城市设计方案征集

【摘要】北京市规划委员会把中关村科技园区丰台园东区三期（以下简称"三期"）项目确定为首个《北京市中心城城市设计导则编制办法（试行）》试点区域。

为了从战略层面延续并反馈上位规划的成果，创建北京城南充满活力和魅力的城市新中心，北京市丰台区人民政府和中关村科技园区丰台园管理委员会（以下简称"管委会"）决定采用国际公开征集的方式开展三期项目的规划研究和城市设计，集思广益地在具体城市规划和城市设计上作一次新的思考和探索，希望能够进一步完善和优化用地功能结构和城市空间布局，确定合理建设容量，提升土地价值，更好地诠释总体规划所确定发展愿景与目标，细化和强化规划引导和控制，对该地区下一步的开发建设起到既有前瞻性，又有现实可行性的指导作用。

此次方案征集取得了很好的成效，最终批准的规划和城市设计导则是在获奖方案的基础上，集众多专家智慧，综合各应征方案的优点完成的。三期项目作为北京市首个城市设计导则的试点区，其城市导则是此次批复的最大亮点，与传统城市规划批复的指标不同，在此次批复中，除了传统的用地性质、用地面积、建筑高度、容积率、绿地率和空地率等指标外，还增加了场地、建筑、地下空间等三项导则控制指标，细化和强化了规划引导及控制作用，为该区域的开发建设提供了规划实施的保障。

一、征集背景

中关村科技园区是1988年5月经国务院批准建立的中国第一个国家级高新技术产业开发区。中关村科技园区现已形成"一区多园多基地"的发展格局，包括海淀园、丰台园、昌平园、电子城科技园、亦庄科技园、德胜园、石景山园、雍和园、通州园、大兴生物医药产业基地、国家软件产业（出口）基地、国家生物医药产业基地、国家工程技术创新基地、国家网络游戏动漫产业发展基地，构成了京城颇具特色和充满活力的高科技产业带。

丰台科技园是中关村科技园区的重要组成部分，园区分为东区和西区。丰台园东区位于丰台镇南部，总用地约4km²，地处北京西四环和南四环路交界处，万寿路南延线、地铁9号线等城市主要交通干线，京开高速、京港澳高速、北京南站、北京西站等重要交通枢纽环绕周边。经过近年发展，丰台科技园东区已成为全国知名的总部经济区，北京市重要的高新技术产业基地和丰台区核心的城市经济功能区。《北京城市总体规划（2004—2020年）》明确了丰台区为国际国内知名企业代表处聚集地，北京"十一五"规划确定园区定位为全市重点发展的特色专业集聚区之一和中关村重要的特色产业基地之一。

经过十余年发展，丰台园东区目前已完成一期、二期的土地一级开发，全部土地出让和60％的二级项目建设。尤其是二期的总部基地近年来发展迅速，吸引了大批驻区企业和大企业总部，已经形成以高新技术产业和现代服务业为主的产业集群，成为全国总部经济的发源地和示范地，已初步形成创新活跃、要素集中、经济发达、区域和谐的总部经济区，正在北京南城战略中发挥着越来越重要的作用。

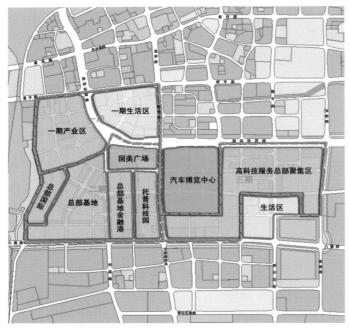

丰台科技园东区三期功能分区图

奥运会成功举办后，北京提出了建设世界城市的发展目标，2009年北京市政府发布《促进城市南部地区加快发展行动计划》，明确了城市南部地区在首都世界城市建设过程中的重要位置。随着建设世界城市的战略目标的推进，城南行动计划的落实，调整产业结构，完善园区功能和改善园区环境已经成为丰台园东区进一步发展所面临的紧迫任务。丰台区人民政府和园区管委会对丰台科技园东区的产业发展重新进行了科学细致的研究，认为园区产业发展应该从第一阶段生产型产业、第二阶段的高技术总部型产业转向高技术服务总部型产业，提出了"国际知名的高技术服务总部区"的发展定位，确定东区三期的建设要立足高新技术、生产性服务、总部经济，大力发展高技术服务业，提升总部经济内涵，形成"有特色的综合性园区"。打造国际知名的高技术服务总部区，为北京、丰台经济发展和城市建设承担更重要的使命。三期项目建成后将成为丰台区创新增长极，现代化新城样板区，首都总部经济、高技术服务业集聚区，明确把东区的开发建设提升到了整个城南发展最为重要和核心的位置。

在此之前，东区作为北京中心城重点地区，进行了一系列的规划研究，形成了一系列的规划成果，尤其是丰台区河东地区控制性详细规划（2006版）和《北京中心城控制性详细规划15片区，16街区》（2006版）对本地区的发展起到了关键性的指导作用。

征集规划范围：北起南四环路，南至六圈路，东起张新路，西至万寿路南延线。项目总用地面积约175hm²，其中丰台科技园东区三期113hm²，汽博城62hm²。

本次征集规划设计试图从战略层面延续并反馈上位规划的成果，同时在北京新的发展背景和遇到

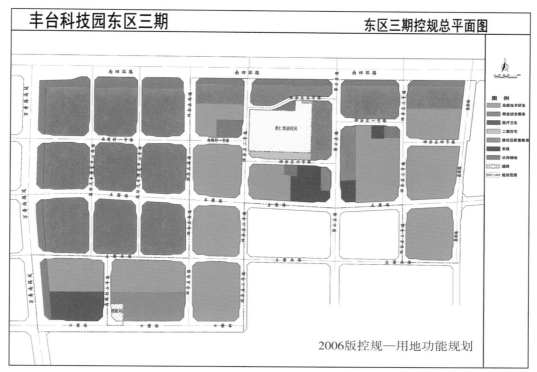

丰台科技园东区三期控规总平面图

新问题的情况下，集思广益地在具体城市规划和城市设计上作一次新的思考和探索，并希望能够进一步完善并优化用地功能结构和城市空间布局，确定合理建设容量，提升土地价值，为该地区下一步的开发建设起到既有前瞻性，又有现实可行性的指导作用。

二、征集过程

中关村科技园区丰台园东区三期项目城市设计方案征集的主办单位是中关村科技园区丰台园管理委员会，征集代理机构为北京科技园拍卖招标有限公司。与此同时建立了由北京市规划委员会详规处、北京市规划设计研究院、产业发展研究机构组成的技术和政策支持平台。

主办单位和征集代理机构及北京市规划设计研究院共同组成了专门的规划设计方案征集文件编写组，经反复修改和专家论证确定了征集的规划设计条件和设计要求。

本征集项目采用公开征集的方式进行，主办单位于2009年7月13日在中国采购与招标网（www.chinabidding.com.cn）、中国政府采购网（www.ccgp.gov.cn）、北京市政府采购网（www.bj-procurement.gov.cn）、北京市招投标信息平台（www.bjztb.gov.cn）、北京科技园拍卖招标有限公司网站（www.bkpmzb.com）发布了征集公告。感兴趣并有意向的应征申请人于2009年7月13日至24日与代理机构联系，报名后可免费下载资格预审文件。在此期间获得资格预审文件的应征申请人共62个。至资格预审申请文件递交截止时间止共收到41个应征申请人递交的申请文件，其中有34个独立应征申请人，7个联合体应征申请人。34个独立应征申请人中，中国独立应征申请人14个，外国独立应征申请人20个。应征申请人涉及中国、美国、加拿大、德国、英国、法国、芬兰、澳大利亚、日本、韩国、新加坡、马来西亚等12个国家和地区。

主办单位成立了专门的应征申请人资格评审委员会，全体评委以资格预审文件为依据，对应征申请人提交的资格预审申请文件进行了认真的审阅，通过三轮记名投票共选出3个应征人。

主办单位向入选的3个应征人发出了征集文件和技术资料，并组织了现场踏勘和项目情况介绍会。征集设计历时3个月，期间主办单位组织了两次澄清答疑，两次中期汇报和交流。

最终经专家委员会评审，德国SBA公司的设计方案被评为优胜方案。

方案综合工作由北京市规划设计研究院负责，在SBA方案的基础上，结合专家们提出的意见和建议，吸纳了同济城市规划院和澳大利亚伍兹贝格的合理元素，进行了调整和优化，并于2010年6月形成报批文件。

调整后的方案总面积1.81km²，定位为北京西南地区新的城市副中心和复合型城市功能区。总建筑规模约330万m²，采用"两轴一带双中心"的功能规划布局，将自然、生态元素与北京典型的城市机理结构相结合，以"文化景观轴"、"商务休闲轴"、"活力商业带"、"商务会展中心"及"活力商务中心"五部分构成区域核心，打造功能复合、环境优美、充满活力的高端商务功能区和花园式高科技园区典范。

文化景观轴——作为总部基地（东区）的重要景观资源，也是该区域的绿色生态轴，结合已建成的汽车文化博览中心，由北向南，重点布局绿化景观、广场、雕塑及市政用地，并设置会议会展、休闲娱乐、特色商业及部分总部办公功能，形成一条优美有趣的文化景观绿轴。

商务休闲轴——沿郭公庄路南北向布局，精心塑造富有特色的生态景观、特色商业服务，将多个休闲节点串联起来，打造成富有趣味的城市商务休闲空间。

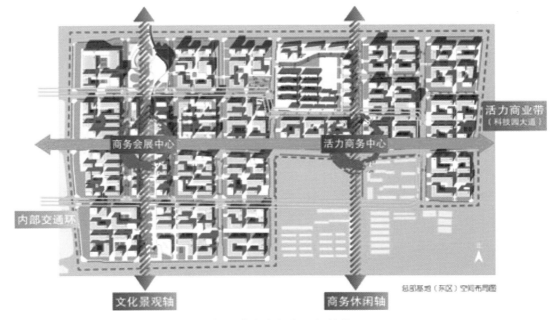

城市设计综合方案空间结构图

城市活力商业带——东西向沿五圈路，链接轨道交通站点，串联总部基地建成区与东区，在与东区"两轴"的交会处形成"商务会展中心"及"活力商务中心"。以大型购物中心、特色商业、体验式休闲商街为主，有效结合综合性商务服务及立体化地下空间建设，形成总体量约40～50万m²的商业活力带，打造北京南部功能丰富，最具活力和魅力的商业核心。

丰台科技园区东区三期用地规划调整方案于2010年9月9日进行了公示，公示期为30天。

丰台区政府提出为推动南城发展，需尽快确定丰台科技园区东区三期用地控规。用地位于南四环和万寿路南延交叉口的东南角，总用地约181hm²，其中：高新技术产业用地约41.1hm²，商业金融用

城市设计综合方案效果图

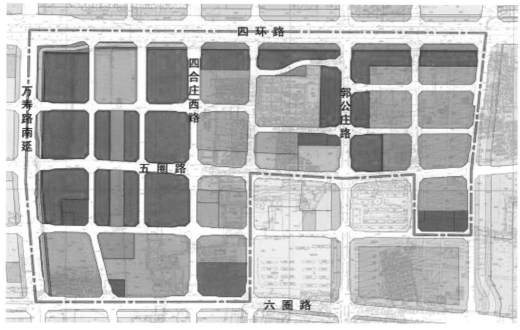

丰台科技园东区三期用地控规范围图

地约45hm²，道路交通用地约53.1hm²，水域和公共绿地约14.1hm²，其余为市政、教育、医疗等相关配套设施用地约27.7hm²，建筑高度45～80m，局部节点高度100～200m，总建筑规模约285～325万m²，以交通影响评价最终确定。

三、方案介绍

1. B01号方案（上海同济城市规划设计研究院）

该方案的规划设计目标是"北京未来，魅力智城"，规划方案力求将本区域打造成"活力之城、生态之城、艺术之城"，其核心设计理念是"街道为骨，格网城市；都市绿岛，合院空间；开发为魂，弹性结构"。采用"一脉多片，双组双心"规划结构，以五圈路为主脉，自西向东形成不同功能类型的功能单元。形成东西两大组团，东组团以商业服务、商务办公为主，西组团结合轨道站点和两个南北相对独立的中央公园形成多层次的商务办公环境。其中，中央公园南北分立，前庭后院，增加了绿地均好性，而群体高层建筑群塑造了三期的空间标志性。规划方案中采用了多种城市生态设计和建筑生态设计技术。

B01号方案效果图

2. B02（澳大利亚伍兹贝格）

该方案的规划设计目标是"生态智慧之城"（ECO-Town），期望该区域成为运用、实践及孕育可持续性科技的园地，成为发扬永续生活方式的典范；成为全球致力于可持续发展、永续资源及节约能源的决心表征；成为一个富有活力的社区，一个多文化的环境，以吸引中外人士在此居住、工作及游玩。

规划区域由门户广场、文化核心、互动创意研发、商业办公、总部基地等组团构成。规划中提出了营造低碳社区的概念和措施。

B02号方案效果图

3. B03（德国SBA公司）

该方案被选为本次征集的优胜方案，表现出五大理念和特点。通过深入的产业分析，将该区域定位为充满活力、低碳理念、绿色建筑的高端总部商务园；根据北京的城市肌理，确定了"一轴一带"的区域城市空间结构，东西为"活力商业带"，南北为"城市景观轴"；加强区域地下空间的多功能

B03号方案效果图

复合利用，集商业、停车、公共空间于一体，并与轨道交通站点紧密联系；对区域内公共交通、自行车交通、轨道交通和慢行系统等多个系统及交通设计进行深入研究，试图建立步行、自行车和公交、地铁等公共交通的无缝对接；根据城市的承载力合理确定建设规模；综合考虑建筑朝向、日照、通风、采光对区域微气候的影响，利用一些技术手段对区域的各边界进行处理，形成独特的界面。

专家评述：三个方案各有特点，各有专长，总体水平较高，达到了规划方案征集的预期效果。其中伍兹贝格的方案高低错落的整体空间形态具有高科技产业园区的特点，空间有灵活性。SBA和同济的方案采取的从区域、系统分析、现状评估进行产业研究，再进行空间布局结构等内容的研究，工作方法值得肯定。而且两个方案在空间结构上考虑了与一期、二期的联系，产业功能上补充了一期、二期的不足，安排商业、酒店、高档公寓等现代服务业的相关功能，考虑了分期开发，地块灵活划分，可分可合，在此基础上，SBA的方案还有一些新的、好的理念，如有序的、小尺度的多样化的建筑公共空间，再通过步行系统有机联系，每个地块自己的标志性建筑，增加了地块的归属感、均好性；提出了低碳的概念，并且提出了建筑的综合功能利用，减少出行，空间多样性。引导和鼓励步行等具体措施，尤其是"一轴一带"的空间结构很有特点，整体结构完整清晰。同济的方案在多个空间结构方案比较下，选择了沿轨道交通站点向东延伸加岛式高密度开发的结构，对于地区建筑景观的形成比较有利，且这个方案的具体用地功能考虑得比较深入细致，与上位规划衔接和结合比较紧密，整个工作比较细致。

四、经验和启示

针对城市重点功能区的城市设计采用征集的方式进行研究和多方案的比选，有利于寻求好的设计理念和设计思路，可为最终的地块控规和城市设计导则编制提供有价值的参考。此次方案征集及最终的综合方案具有多处亮点，慢行交通系统和多层级绿地系统就是其中重要的两项。其中慢行系统将实现步行、自行车和公交、地铁等公共交通的无缝对接，解决道路拥堵、停车难等城市管理难题，鼓励绿色出行，倡导一种新的生活方式，一种新的生活态度。多层级绿地系统利用西南临绿化隔离带及马草河水系的景观优势，建立"一带、一轴、一核"三级绿地系统，集中布置大型公共绿地，各地块布置小型绿地，增强地区开放空间利用率，提升土地价值。

奥林匹克公园中心区文化综合区
概念性城市设计方案征集

【摘要】2009年，中国国学中心、中国国家美术馆以及中国工艺美术馆（暂定名）三大文化建筑选址北京奥林匹克公园文化综合区，中国科学技术馆南端，毗邻奥林匹克公园中心区的龙形水系的区域。如何使文化综合区的规划设计与奥运中心区的整体风格相适应，与"鸟巢"、"水立方"的建筑形态相协调，营造各具特色的建筑形象和宽广大气的城市形象，对于城乡规划主管部门和规划设计机构来说都是一次挑战。面对挑战，北京市规划委员会和北京新奥集团有限公司决定举办奥林匹克公园中心区文化综合区概念性城市设计方案的公开征集活动，并配合国务院参事室、中国美术馆国家美术馆和中国艺术研究院同期开展中国国学中心、中国国家美术馆以及中国工艺美术馆三大文化建筑的概念方案征集活动。

此次征集，分为两条研究路线。文化综合区城市设计方案征集是要依循奥林匹克公园中心区整体空间框架，对各地块内的建筑空间布局、建筑形态、界面、道路交通、公共环境进行研究，寻求新的城市文脉和特色鲜明、充满活力的文化发展建设空间。三大文化建筑的概念性建筑设计方案征集，要求应征规划设计机构除须提出项目本身的概念性建筑方案外，还须根据其自身的建筑设计方案特征，提出文化综合区的城市设计理念。

通过两条线路，从不同的角度对文化综合区的城市发展空间进行研究，集思广益，获取很多有价值的方案和设计技术思路。最终，在广泛听取各方意见和建议的基础上完成了文化综合区城市设计导则的编制。

一、征集背景

奥林匹克公园中心区文化综合区（以下简称"文化综合区"）位于国家体育场（"鸟巢"）以北，龙形水系东侧，占地约25hm²，东至北辰东路，西至湖景东路，南至成府路，北至大屯北路。文化综合区北侧是已建成的中国科技馆，南侧为鸟巢。

在2004年批准的奥林匹克中心区控制性详细规划中，文化综合区由西至东依次排列文化建筑群、步行广场，以及文化商务区。2009年，中国国学中心（以下简称"国学中心"）、中国国家美术馆（以下简称"美术馆"）以及中国工艺美术馆（暂定名，以下简称"工美馆"）三大文化建筑选址文化综合区的B06、B04、B02地块，即文化建筑群的三个地块。

如何充分利用好奥林匹克中心区独特的区位优势，使文化综合区的规划设计与奥运中心区的整

奥林匹克公园中心区文化综合区所在区位示意图

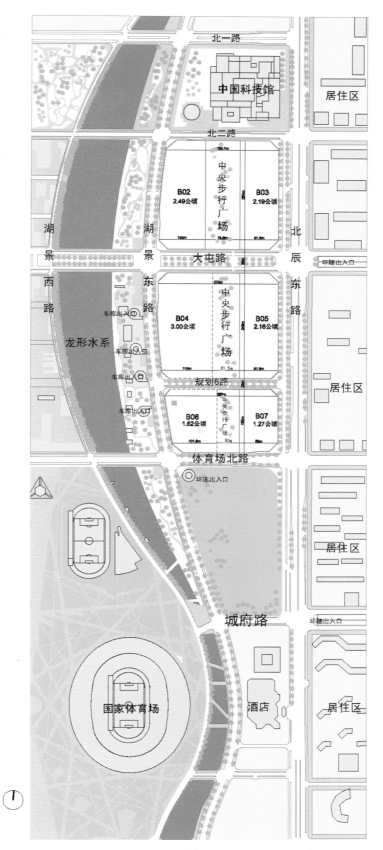

奥林匹克公园中心区文化综合区B02~B07地块示意图

体风格相适应，形成宽广大气的城市形象，使国学中心、美术馆和工美馆成为具有中国特色、首都气派、世界水平的国家级文化建筑，在建筑形象凸显个性的同时，又与"鸟巢"、"水立方"的建筑形态相协调，与文化综合区的整体风格相适应，对于北京市规划主管部门和规划设计机构来说都是一次挑战。

面对挑战，北京市规划委员会和北京新奥集团有限公司决定举办奥林匹克公园中心区文化综合区概念性城市设计方案的公开征集活动，并配合国务院参事室、中国美术馆和中国艺术研究院同期开展国学中心、美术馆以及工美馆三大文化建筑的概念方案征集活动。拟通过国际公开征集，从不同的角度对文化综合区城市发展空间进行研究，集思广益，获取创意亮点和设计技术思路，寻求独特性与整体性的结合点，探讨文化综合区整体规划建设的方向和模式，完成文化综合区的城市设计和设计导则，为国学中心、美术馆以及工美馆的建设以及文化综合区的后续开发建设提供规划控制依据。

本次建筑方案和城市设计的基本原则和指导思想是：国学中心、美术馆以及工美馆三个项目的建设要符合国家级文化设施群的功能定位，建筑风格应该是中国风格的现代建筑，单体建筑不要搞异形，要注重空间的实用性。城市设计方案要突出整体性和协调性，处理好与"鸟巢"、"水立方"等周边超大型体育设施的关系，处理好文化主功能与其他服务休闲功能的关系。

二、征集过程

文化综合区的规划和城市设计与中国国学中心、中国国家美术馆以及中国工艺美术馆项目的建设相辅相成，相互关联。因此，北京市规划委员会和北京新奥集团有限公司与国务院参事室、国家美术馆和中国艺术研究院建立了奥林匹克中心区文化综合区重大文化设施建设联席会议制度和技术工作平台，相互交流工作思路和协调工作进度。2010年9月29日文化综合区城市设计方案征集项目，以及中国国学中心、中国国家美术馆和中国工艺美术馆等三个项目的概念性建筑设计方案征集项目同期发出了征集资格预审公告。

4个项目的公告发出后得到了全球规划和建筑设计机构，以及著名设计大师的广泛响应，4个项目共有来自奥地利、澳大利亚、丹麦、德国、法国、韩国、荷兰、加拿大、美国、日本、瑞士、西班牙、意大利、英国、中国等近20个国家和地区的150多个规划机构递交了资格预审申请，其中获普利茨克奖的建筑大师十余人。

通过资格预审文化综合区选出了5个应征设计人（含联合体应征人）。经过两个多月的规划设计研究，5个应征人于2011年1月20日14：30按时递交了规划设计文件。经评审委员会的评审，选出了两个优胜设计方案。

征集结束后，由北京市规划委员会牵头，与获优胜奖的规划设计机构一起进行方案综合和优化，最终完成了城市设计导则的编制。

三、获奖方案介绍

　　文化综合区的5个城市方案各具特色，从不同角度考虑到区域内国学中心、美术馆以及工美馆三大建筑的协调关系，以及与"鸟巢"、玲珑塔、中国科技馆等已有建筑相呼应的问题。在原有控规的基础上，对文化综合区的空间形态和地块边界进行了调整和优化。

　　B01方案由中国建筑设计研究院与中国城市规划设计研究院联合体提供，获得优胜奖。

B01号方案效果图

B03 方案由北京市建筑设计研究院与荷兰KCAP联合体提供，获得优胜奖。

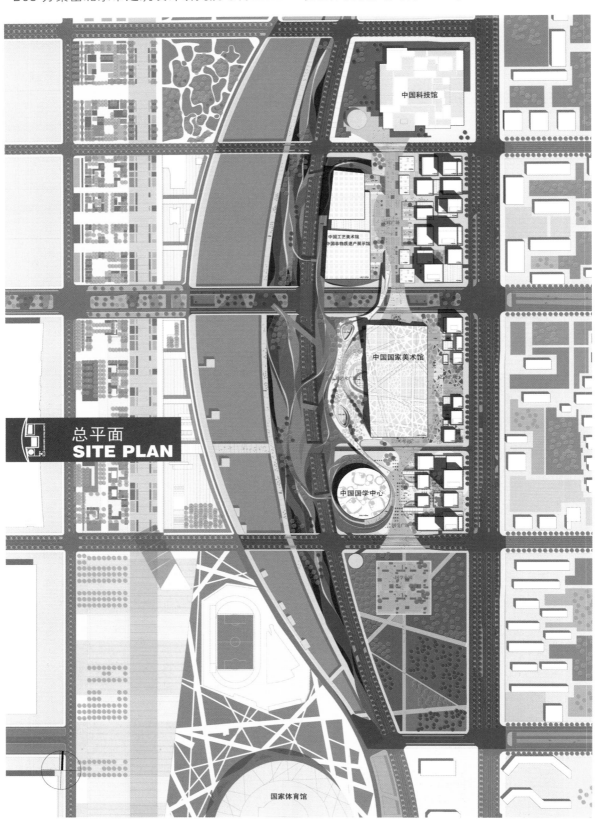

B03号方案总平面图

四、经验和启示

奥林匹克中心区文化综合区重大文化设施建设联席会议制度的建立对于文化综合区的规划方案征集组织工作的推进以及后续的方案综合和实施起到了积极的作用。

此次征集分为两条研究线路，各应征人对征集的规划设计要求都做出了充分的响应，应征规划设计方案在某些方面表现出不约而同的相似，而在另一些方面却体现出不同角度的理解。每个应征方案都对打造具有中国文化特色的，反映时代风貌的、国家级的文化环境提出了自己的见解，对个性张扬与整体协调提出了建议。通过此次方案征集，多角度集思广益地研究，获取了很多有价值的方案和设计技术思路。最终，在优胜方案的基础上经过方案综合完成了文化综合区城市设计导则的编制。

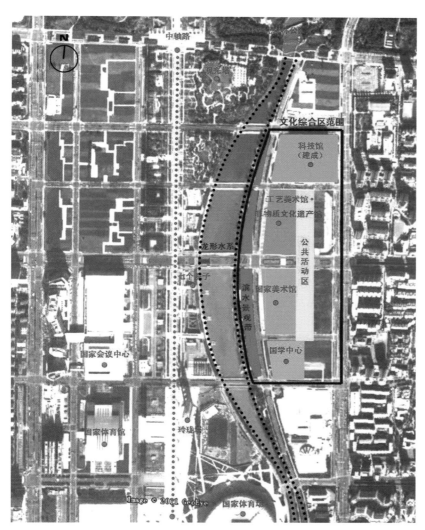

文化综合区场地区位图

文化综合区城市设计地块分区控制图

主要参考文献

[1] 5大方案"PK"最佳设计——首钢工业区改造启动区规划设计方案征集评审会召开[EB/OL]. 首都之窗网，2009-10-19. http://www.beijing.gov.cn.

[2] 北京奥林匹克公园、五棵松文化体育中心规划方案国际征集活动技术小组. 2008北京奥运规划序曲——北京奥林匹克公园、五棵松文化体育中心规划方案国际征集活动回顾[J]. 北京规划建设,2002（4）.

[3] 北京奥林匹克公园和五棵松文化体育中心规划设计方案征集活动已收到方案89个[EB/OL]. 北京市规划委网，2002-07-03. http://www.bjghw.gov.cn.

[4] 北京丽泽金融商务区规划综合方案出台[EB/OL]. 首都之窗网，2010-01-21. http://www.beijing.gov.cn.

[5] 北京丽泽商务区规划方案公布城西南将现新地标[N]. 北京晚报，2009-04-15.

[6] 北京市规划委员会等. 2008北京奥林匹克公园及五棵松文化体育中心规划设计方案征集[M]. 北京：中国建筑工业出版社出版，2003.

[7] 陈刚，甘靖中. 北京商务中心区规划方案征集的启示[J]. 城市规划，2001（6）.

[8] 仇保兴. 中国城镇化——机遇与挑战[M]. 北京：中国建筑工业出版社，2002.

[9] 杜立群. 方案综合是一个再创造的过程[J]. 北京规划建设，2009（1）.

[10] 丰台科技园成北京首个城市设计导则试点区[EB/OL]. 首都之窗网，2011-09-01. http://www.beijing.gov.cn.

[11] 丰台科技园东区三期规划方案出台[N]. 北京商报，2010-03-18.

[12] 轨道交通亦庄线"两站一街"国际方案通过专家评审[EB/OL]. 北京市规划委员会网，2007-10-25. http://www.bjghw.gov.cn.

[13] 黄艳，张立新，白晨曦，夏林茂. 奥运场馆集中用地规划设计征集——中奖方案介绍[J]. 城市规划，2002（8）.

[14] 蒋宗健，陈薇萍. 城市规划设计方案国际征集的实践与实效[J]. 城市规划，2002（6）.

[15] 李瑞. 双解——北京焦化厂保护与开发利用规划方案综合[C]//城市规划和科学发展——2009中国城市规划年会论文集，2009.

[16] 刘伯英，李匡. 北京焦化厂工业遗产资源保护与再利用城市设计[J]. 北京规划建设，2007（2）.

[17] 刘丹，唐绍均. 论我国城市规划的审批决策以及城市规划委员会的重构[J]. 社会科学辑刊，2007（5）.

[18] 刘佳胜. 关于城市规划国际咨询的实践与思考——以深圳市为例[J]. 规划师，2001（1）.

[19] 栾景亮，贾佚仑. 落实科学发展观不断提升城乡规划水平——北京焦化厂工业遗产保护与开发利用规划方案征集[J]. 北京规划建设，2009（1）.

[20] 毛寿龙. 公共政策的决策成本与外部成本[EB/OL]. http://www.wiapp.org.

[21] 千万巨奖落谁家——北京CBD规划8个获奖方案揭晓[N]. 北京青年报，2001-04-11.

[22] 邱跃，文爱平. 继承奥运工程建设珍贵经验以创新精神做好城乡规划工作——北京焦化厂工业旧址保护与开发利用规划访谈[J]. 北京规划建设，2009（1）.

[23] 首钢工业区改造规划，两大方案亮相[EB/OL]. 千龙新闻网，2009-10-18. http://news.QQ.com.

[24] 首钢工业区改造启动区城市设计方案征集工作进入方案设计阶段[EB/OL]. 北京市规划委员会网，2009-07-13. http://www.bjghw.gov.cn.

[25] 孙施文. 现代城市规划理论[M]. 北京：中国建筑工业出版社，2007.

[26] 王军. 中轴线上的奥运北京[J]. 瞭望，2002（30）.

[27] 王诗煌. 行政管理视角下的规划编制方案改进与创新[J]. 管理观察，2010（4）.

[28] 王潇，李宽. 关于提升国际城市规划方案征集有效性的探讨——以上海市徐汇区近两年国际方案征集实践为例[J]. 城市规划，2007（1）.

[29] 王永伟，李军，宋维嘉，史长谊. 首都发展新空间——丽泽金融商务区规划综合方案[J]. 北京规划建设，2010（2）.

[30] 蔚为大观：北京CBD规划兼蓄八方[N]. 中国建设报，2001-04-16

[31] 温宗勇. 北京焦化厂：为环保而建为环保而停[J]. 北京规划建设，2009（1）.

[32] 我市亦庄地铁线百万元征集周边规划[N]. 北京日报，2007-05-30.

[33] 吴志强，崔泓冰. 近年来我国城市规划方案国际征集活动透析[J]. 城市规划汇刊，2003（6）.

[34] 吴志强，崔泓冰. 境外规划设计事务所近年在中国大陆发展的记录与思考[J]. 时代建筑，2003（3）.

[35] 杨巍，张环. 国际招投标文件的特点及翻译时应注意的几个问题[J]. 黑龙江对外经贸，2005（3）.

[36] 杨晓斌. 北京市丰台区丽泽金融商务区规划综合方案获批[N]. 北京日报，2010-01-17.

[37] 叶大华，采访整理 沈博，聚焦亦庄交通枢纽："两站一街"规划设计的启示——亦庄轨道交通枢纽规划设计始末[J]. 北京规划建设，2009（3）.

[38] 于海东. 建筑工程招投标中的知识产权保护[J]. 甘肃政法成人教育学院学报，2005（3）.

[39] 赵建芬，马书彦. 如何做好招投标文件的翻译[J]. 商场现代化，2007（12）.

[40] 郑国. 公共政策的空间性与城市空间政策体系[J]. 城市规划，2009（1）.

[41] 郑毅主编. 城市规划设计手册[M]. 北京：中国建筑工业出版社，2000.

[42] 中国城市规划设计研究院. "两站一街"方案综合[J]. 北京规划建设，2009（3）.

[43] 周宇. 首钢旧址规划方案征民意[N]. 京华时报，2009-10-18（004）.

[44] 邹德慈. 刍议改革开放以来中国城市规划的变化[J]. 北京规划建设，2008（5）.

[45] 北京市城市规划设计研究院详细规划所. 北京市焦化厂工业遗产保护和开发利用方案综合[J]. 北京规划建设，2009（1）.

[46] "北京焦化厂遗址保护和开发利用规划方案征集"应征方案[J]. 北京规划建设，2009（1）.

[47] 《关于〈新首钢高端产业综合服务区规划〉规划公示采信情况的通告》[EB/OL]. 北京市规划委员会网站，发布时间：2011-08-16. www.bjghw.gov.cn.

[48] 《关于举行中国工艺美术馆·中国非物质文化遗产展示馆概念性建筑设计方案征集并公开邀请应征规划设计人参加资格预审的公告》[EB/OL]. 北京市规划委员会网，发布时间：2010-09-30. www.bjghw.gov.cn.

[49] 《关于举行中国国家美术馆概念性建筑设计方案征集并公开邀请应征规划设计人参加资格预审的公告》[EB/OL]. 北京市规划委员会网，发布时间：2010-09-30. www.bjghw.gov.cn.

[50] 《关于举行中国国学中心（国学研究与国际交流中心）概念性建筑设计方案征集并公开邀请应征规划设计人参加资格预审的公告》[EB/OL]. 北京市规划委员会网，发布时间：2010-09-30. www.bjghw.gov.cn.

[51] 《丰台科技园区东区三期用地规划调整公示》[EB/OL]. 北京市规划委员会网，公示期限30天，发布时间：2010-09-09. www.bjghw.gov.cn.

[52] 北京焦化厂工业遗址保护与开发利用规划方案征集——应征方案公开展示[EB/OL]. 北京市规划委员会网，发布时间：2008-10-16. http://www.bjghw.gov.cn.

[53] 《新首钢高端产业综合服务区规划方案公示》[EB/OL]. 北京市规划委员会网，公示期限30天，发布时间：2011-04-18. www.bjghw.gov.cn.

[54] 《中国北京轨道交通亦庄线次渠——亦庄火车站及周边地区规划设计方案征集公告》[EB/OL]. 北京市规划委员会网，发布时间：2007-05-30. www.bjghw.gov.cn.

[55] 《首钢工业区改造启动区城市规划设计征集方案公示说明》[EB/OL]. 北京市规划委员会网，发布时间：2009-10-16. www.bjghw.gov.cn.

[56] 《关于举行奥林匹克公园中心区文化综合区概念性城市设计方案征集并公开邀请应征规划设计人参加资格预审的公告》[EB/OL]. 北京市规划委员会网，发布时间：2010-09-30. www.bjghw.gov.cn.

后 记

　　水到渠成，是中国的一句老话，也是一句极富哲理的名言。随着我国城市化进程步伐的加快，城市规划的实践也在飞速发展。常青的实践之树为理论创新提供了不竭的源泉。这本小册子就是我们在总结我国，特别是北京市城市规划设计方案征集丰富实践经验基础上而写成的。写作此书的目的是，探索城市规划设计方案征集这一新生事物的特点和规律，丰富城市规划设计征集组织管理理论，为进一步规范城市规划设计方案征集的运作模式，建立科学合理的管理体制和运行机制，提升城市规划设计方案征集的效率和效益提供参考。

　　本书是集体智慧的结晶。刘劲飞、胥钢、邢亚利同志撰写了本书的第一章，胥钢、邢亚利、刘军、李凤、李昊、刘劲飞同志撰写了本书的第二章，胥钢、邢亚利、刘劲飞同志撰写了本书的第三章，胥钢、邢亚利、刘劲飞撰写了本书的第四章。全书最后由邱跃和董春生同志统稿。本书在撰写的过程中，还得到了北京市规划委员会各部门的大力支持和帮助，他们为本书的研究和写作提供了很多的帮助。在写作过程中，我们还得到了王玮、张立新、叶大华、温宗勇、王引、张亚芹、杨浚、陈晓君、李国红、贾昳仑、鞠鹏艳、王科等同志的指导，他们提出的诸多指导性和建设性意见，大大提升了本书的水平。同时，本书的顺利付梓，还得到了中国建筑工业出版社诸多同志的大力帮助，他们为本书的出版倾注了极大的心血。对于为本书的写作和出版付出心血的同志，我们在此一并表示衷心的感谢。

　　城市规划设计方案征集是一项全新的事务，对于其特点规律的认识还需要深化。加之作者的水平有限，书中难免有疏漏、甚至不妥之处，欢迎广大读者批评指正。

本书作者

2012年6月于北京